도로 배수시설의 계획 및 설계

도로 배수시설의
계획 및 설계

이만석 지음

한국학술정보㈜

하천은 인간의 생명과 직결되어 있어 인간의 삶을 계속적으로 유지하기 위해 공기와도 같은 존재이지만 때로는 삶의 터전을 한순간에 앗아가기도 하며, 도로는 예부터 지금까지 상당 부분 인간의 활동범위에 직·간접적으로 연결되어 있어 사회발전에 중요한 수단이 되어왔다. 이렇듯 인간은 하천을 통해 생명의 연장을, 도로를 통해서는 편리한 삶을 누려 왔다. 도로에 설치되는 배수시설은 강우로 인해 야기될 수 있는 도로의 피해요소들을 최소화시킴으로써 도로를 이용한 인간의 경제적·문화적·사회적 지속가능성을 달성하는 데 그 목적이 있다고 할 수 있다.

이 책은 저자가 2000년에 석사 학위를 받은 후, 약 5년간 하천과 수자원 설계 실무활동과 약 7년간 국토해양부 및 한국도로공사에서 발주하여 수행한 도로 배수시설 관련 연구 활동 등을 통해 얻은 지식과 경험을 토대로 저술한 것이다. 이 책을 저술하게 된 동기는 도로 배수시설에 대한 계획, 설계, 유지관리 내용들에서 수리·수문 관련 기본이론과 설계방법들이 상당 부분 미비하거나 인식이 잘못되어 있었기 때문이며, 미약하나마 이 책이 도로 배수시설 운영에 수리·수문학적 요소들을 적절하게 반영할 수 있는 시초이자 밑거름이 되기를 바란다.

이 책은 제1장 기초자료조사, 제2장 수문설계, 제3장 수리설계, 제4장 도로 배수시설, 제5장 도로 배수시설의 설계 등 총 5개의 창으로 구성되어 있다. 제1장은 도로와 도로 인접지역에 설치되는 배수시설 설계단계에 선행되는 기초적인 자료조사 단계로서, 유역의 면적과 평균경사, 유역의 방향성과 평균고도, 유역의 토양도 및 토지이용도 그리고 수문·기상자료를 조사하는 방법이 기술되어 있다. 제2장은 도로의 배수시설에 대한 수문학적 설계인자를 결정하기 위한 수문설계 내용으로, 설계빈도, 강우강도, 유출계수 그리고 설계홍수량을 계산하는 절차와 방법이 설명되어 있다. 제3장은 도로 배수유역 내 여러 가지

수로를 계획하고 설계하는 데 필요한 수리인자들을 산정하는 내용으로, 유속, 동수반경, 수로의 경사, 조도계수 그리고 수위 등을 계산하는 절차와 방법들을 기술하고 있다. 제4장과 제5장은 앞서 제3장에 걸쳐 얻은 각종 기초자료와 수리·수문 설계인자들을 도구와 수단으로 삼아 실제 도로 배수시설을 설계하는 방법을 설명한 내용으로서, 제4장에서는 도로 배수시설의 형상과 기능에 따른 구분을, 제5장에서는 노면 배수시설, 횡단 배수시설, 비탈면 배수시설 및 배수 취약구간에 대한 구체적인 설계방법을 기술하였다.

이 책은 주로 도로 배수시설을 계획하고 유지 및 관리하는 담당 공무원들을 위한 교재로 만들어졌으나, 일반 도로 배수시설 설계실무에 종사하는 엔지니어들과 대학의 학부과정 및 석·박사 과정에 있는 학생들을 위한 강의교재로도 충분히 이용할 수 있게 하였다.

저자는 이 책이 발간되기까지 많은 분들의 도움을 받았는데, 하천과 물을 사랑할 수 있도록 도와주신 단국대학교 차영기 명예교수, 이길춘 명예교수 학문의 길에 선배이자 소중한 멘토이신 김이현 교수, 강부식 교수, 이해균 교수를 비롯하여 도로배수를 조금이나마 알 수 있게 학술적으로 상당한 노력을 들여 조력해주신 성균관대학교 전경수 교수, 고려대학교 유철상 교수, 상지대학교 최흥식 교수와 국립환경과학원 구혜진 박사에게 감사를 드린다. 또한 7년 가까이 도로 배수시설에 대한 연구에만 몰두할 수 있도록 도와주신 (주)평화엔지니어링 권재원 회장, 박태권 고문, 안성순 부회장, 이한주 박사와 도로 배수시설 계획 및 유지관리와 설계 현업에서 물심양면으로 애써주신 한국도로공사 도로교통연구원 이경하 박사, 강민수 박사와 한국건설기술연구원 이용수 박사, (주)소프트택 이창우 대표이사에게도 진심으로 감사를 드린다.

마지막으로 이 책을 저술할 수 있도록 버팀목이 되어 주신 부모님, 장인·장모님과 헌신적으로 도와준 아내에게 이 지면을 빌어 감사를 드린다.

2011년 12월 15일 안양에서

이만석

제1장
기초자료조사

1.1 유역 면적

　배수유역 면적의 규모는 강우량으로부터 홍수유출량을 산정하는 방법과 밀접한 관계가 있다. 지리적 특성이 같은 지역에서 유역의 규모는 유출량에 비례하게 되는데 유역의 규모를 결정하는 것은 배수시설의 규모를 결정하는 것이 된다. 유역의 규모는 국토지리정보원에서 발간되는 지형도와 현장조사를 통해 결정하고, 정확한 도로 배수유역의 규모를 파악하기 위해 최신 지리정보시스템(GIS) 등과 같은 방법과 도구들을 사용할 수 있고, 유역에 대한 항공사진이 있는 경우 유역 결정에 도움이 된다.

　또한 기후변화로 인한 집중호우의 발생으로 예상되는 도로 피해를 저감하기 위하여 효과적인 배수유역의 면적과 이에 따른 계획홍수량을 산정한다.

　일반적으로 유역 면적은 유역의 한계선으로 둘러싸인 면적을 의미하여 통상 다음 그림과 같이 지형적인 분수계(topographic water-divide)가 유역의 한계선이 된다.

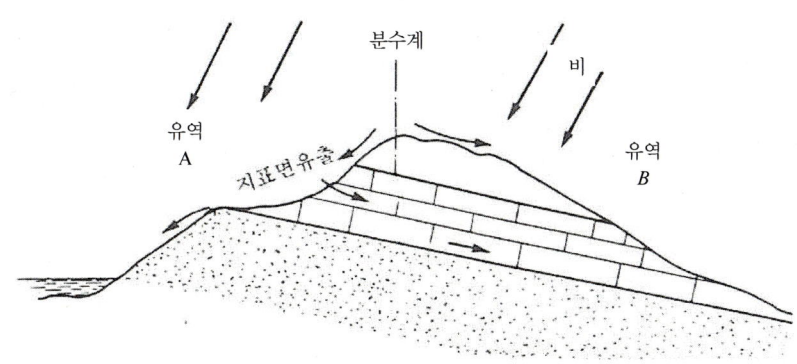

그림 1.1 유역의 분계선

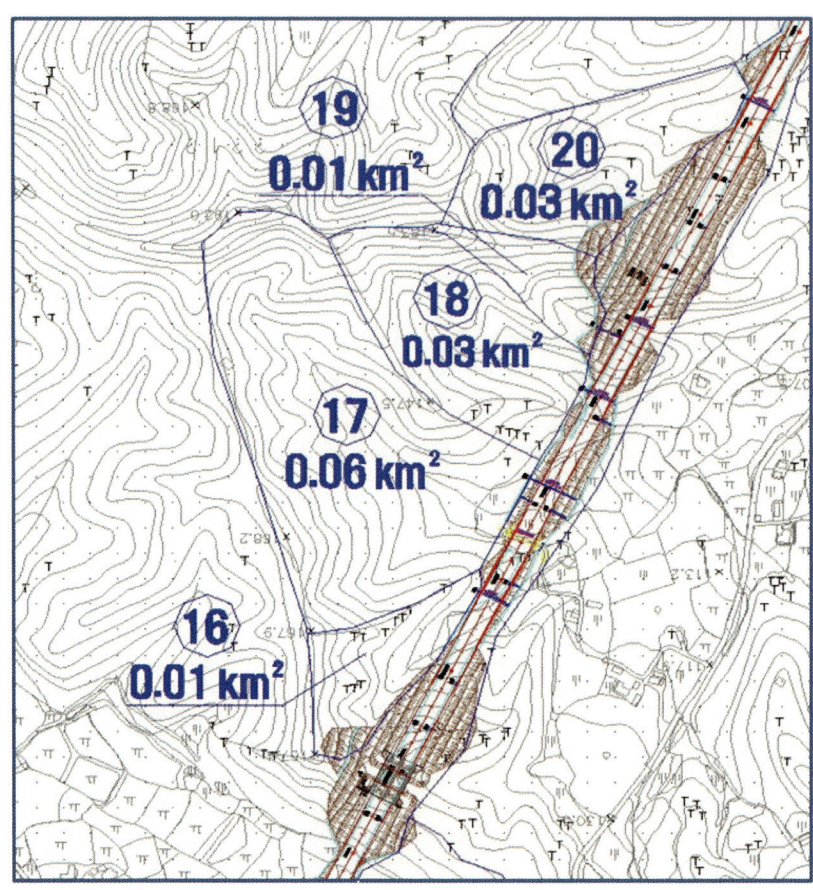

그림 1.2 도로 배수유역 면적 산정 실례

도로의 배수유역은 하천유역과 달리 구성되고 있는데, 산마루측구와 소단측구와 같이 도로와 인접한 산지에서 유입되는 산지 배수유역, 교량이나 암거와 같이 횡단 배수시설로 유입되는 횡단 배수유역, 깎기부 비탈사면과 도로노면에 내린 강우가 측구와 같이 노면 배수시설로 유입되는 노면 배수유역, 도로 쌓기부 비탈사면에 내린 강우가 U형 측구와 V형 측구와 같은 비탈끝 수로로 유입되는 사면 배수유역으로 분류할 수 있다.

1.1.1 산지 배수유역

　산지 배수유역은 아래 그림과 같이 깎기부 비탈면이 형성된 지표면보다 높게 설치되어 있는 산마루측구 또는 소단측구에 유입되는 유역 면적을 말하는 것으로서, 그림 1.3은 배수유역 가운데의 하천을 중심으로 하여 두 개의 배수유역(A_1, A_2)을 형성하고 있으며 산마루측구수로와 하천으로 유입된다.

　그림 1.3과 같이 산마루측구에 유입되는 강우의 배수유역 면적은 형성되어 있는 배수유역의 표고와 경사에 따라 하천으로 유입되는 강우의 배수면적과 산마루측구로 유입되는 강우의 배수면적을 구분하여 산정해야 한다.

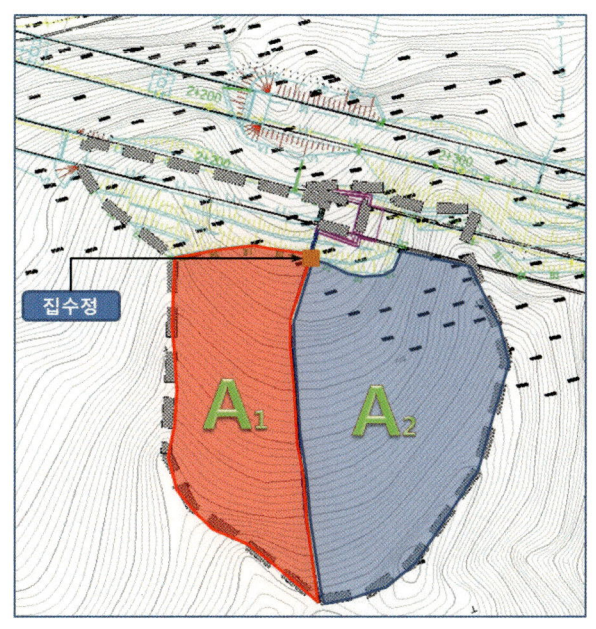

그림 1.3 산지 배수유역의 면적 계산

　즉, 그림 1.3에서 집수정에 유입되는 강우량은 유역 내 하천을 중심으로 ⅰ) 좌우에 설치된 산마루측구를 통해서 유입되는 강우량과, ⅱ) 산지유역 내 하천수로를 통해 유입되는 강우량을 산술적으로 합한 수치가 된다.

1.1.2 횡단 배수유역

표 1.1 도로 배수유역의 구분

항목	구분	배수시설물
도로 배수유역	산지 배수유역	산마루측구, 소단측구 등
	횡단 배수유역	BOX, PIPE, 교량 등
	노면 배수유역	다이크, 도수로, L형 측구, 중분대 집수정 등
	사면 배수유역	U형 측구, V형 측구 등

횡단 배수유역의 면적은 아래 그림 1.4와 같이 도로를 횡단하는 배수시설물(pipe 또는 box)로 유입되는 배수유역의 면적을 계산하여 산정한다.

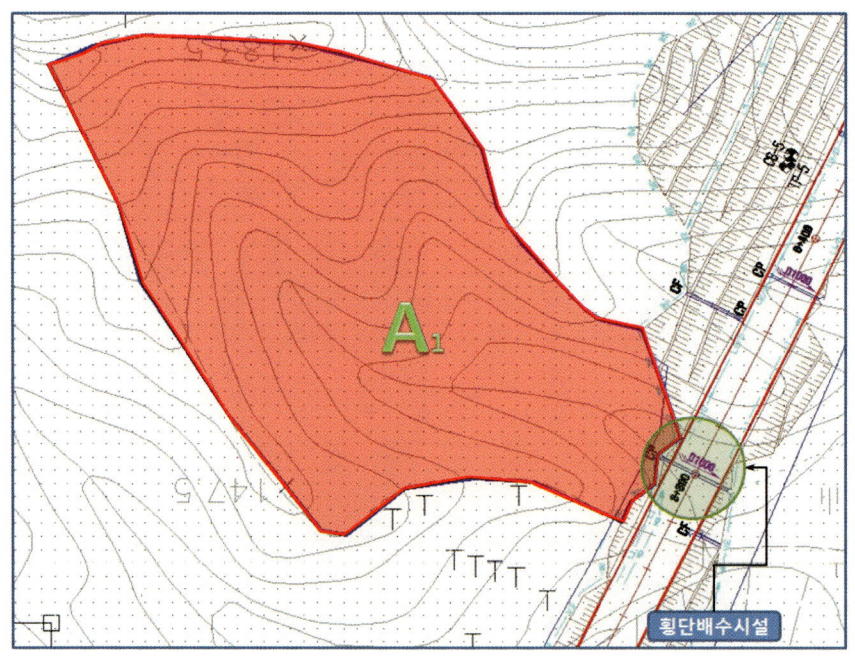

그림 1.4 횡단 배수유역의 면적 계산

1.1.3 노면 배수유역

노면 배수유역의 면적은 쌓기부 도로 본선, 깎기부 비탈사면 및 도로 본선 그리고 중앙분리대로 구분할 수 있으며, 그림 1.5와 같이 표현할 수 있다.

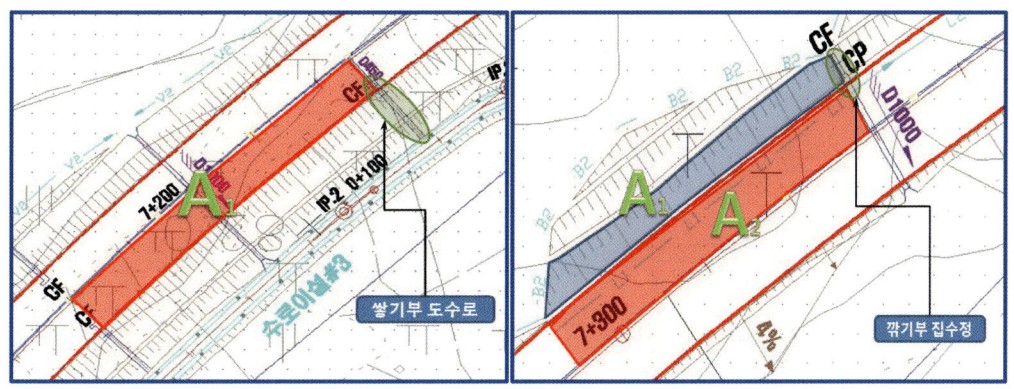

(a) 도로 본선 쌓기부의 노면 배수유역 면적　　(b) 도로 본선 깎기부의 노면 배수유역 면적

(C) 도로 중앙분리대의 노면 배수유역 면적

그림 1.5 노면 배수유역의 면적 계산

1.1.4 쌓기부 비탈면 배수유역

　쌓기부 비탈면 배수유역은 그림 1.6과 같이 구성되고, 비탈사면 끝에 설치되는 U형 또는 V형 측구를 통하여 다른 배수로나 하천으로 배제된다. 또한 쌓기부 비탈사면의 높이가 비교적 높은 경우에는 도로종단 방향으로 비탈사면의 중간 위치에 소단측구를 설치하여 쌓기부 도수로를 통하여 배제시킨다.

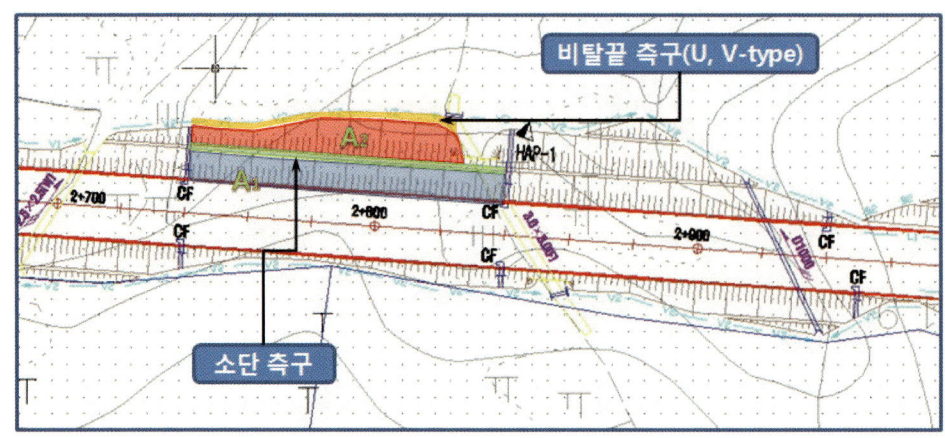

그림 1.6 쌓기부 비탈면 배수유역의 면적 계산

1.2 유역 평균경사

유역의 평균경사는 일반적으로 ⅰ) 등고선 면적법, ⅱ) 등고선 연장법, ⅲ) 교점법 등으로 계산할 수 있으며, 도로 배수유역의 경사는 배수유역의 구분에 따라 다음에 열거한 방법 중 적합한 방법을 사용하여 산정한다.

유역의 지면경사(slope)가 급하면 급할수록 지표면 유출의 속도는 빨라지므로 도달시간이 단축되며 첨두유량도 커지며, 경사가 급할수록 사면의 식생밀도는 조밀하게 되고 토양은 침식이 용이하게 되어, 침투능이 약화되어 유출을 가속하게 된다.

1.2.1 등고선 면적법

등고선 면적법은 지형도상에서 인접한 두 등고선 간의 주어진 표고차를 측정한 등고선 간의 평균거리로 나누면 두 등고선 사이의 면적에 해당하는 평균경사가 되며, 평균경사에 두 등고선 사이의 면적을 곱하여 합산한 후 이를 전체 면적으로 나누어 산출하는 방법이다.

1.2.2 등고선 연장법

등고선 연장법은 지형상에서 인접한 각 등고선 길이를 측정한 합을 유역 면적으로 나누면 유역의 등고선 평균간격이 되며, 이를 주어진 등고선 간의 표고차로 나누어 산출하는 방법이다.

1.2.3 교점법

교점법은 유역을 격자망으로 구분한 후 인접 등고선 간의 일정한 표고차를 격자선과 등고선 또는 유역경계가 만나는 교점 간의 평균 수평거리로 나누어 산출하는 방법으로서 Hortan이 제안하였다.

1.3 유역의 방향성

도로 배수유역 중에 산지 배수유역과 횡단 배수유역은 자연 상태의 유역 형상을 대부분 보존하고 있기 때문에 유역의 방향성이 유출량 크기와 시간에 상당한 영향을 미치는 반면, 노면 배수유역과 사면 배수유역은 도로의 노선·선형 계획 후 인위적으로 결정되며, 유역의 방향성 또한 사전에 조정이 가능하다.

유역이 어떤 방향(orientation)으로 놓여 있는가에 따라 한 유역의 유출은 기상에 의해 크게 영향을 받으며, 바람이나 호우전선의 이동방향이 계절성을 가지고 있을 경우에는 유역의 방향성(basin orientation)에 의해 영향을 받는다.

다음 그림 1.7과 같이 도로 배수유역의 방향성은 유역의 표고, 기복, 경사 등과 밀접한 관련이 있으며, 유역 내 강우의 흐름과 상당한 유사성을 가지지만 유역의 방향성과 하천 흐름의 방향성과는 동일하지는 않다. 이러한 유역의 방향성을 정량적으로 도출하기 위해서는 미국 ESRI에서 개발하여 각종 계획이나 설계 다방면에 사용되고 있는 Arc-Info와 같은 GIS 도구들을 적극 활용하여 파악할 수 있다.

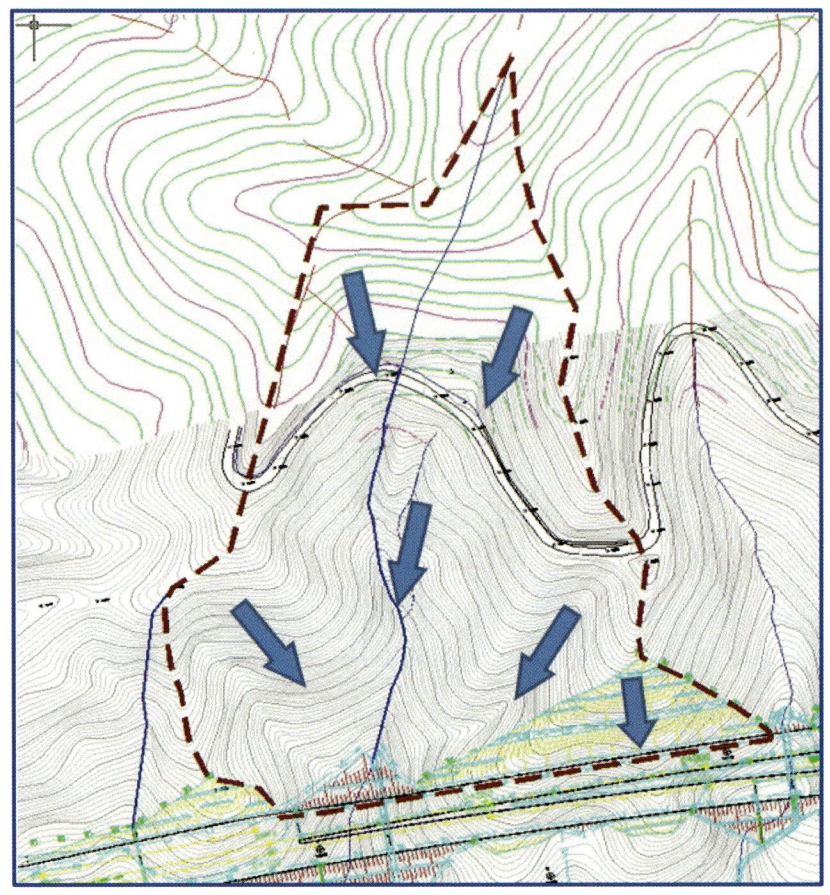

그림 1.7 도로 배수유역의 방향성

1.4 유역 평균고도

유역의 주요 수문인자인 유출량을 결정하는 강수량은 고도(altitude)에 비례하여 증가하나, 고도가 높은 지역에서는 기온이 낮고 수분이 눈이나 얼음의 형태로 존재하므로, 증발율은 저하되는 특성을 가진다.

도로 배수유역의 수문량을 결정하는 강수량은 일반적으로 고도(altitude)에 비례하여 증가하나, 고도가 높은 지역에서는 기온이 낮고 수분이 눈이나 얼음의 형태로 존재하여 증발율은 저하된다. 유역의 평균고도를 산정하는 방법은 ⅰ) 등고선 면적법, ⅱ) 등고선 연장법, ⅲ) 교점법, ⅳ) 면적-고도곡선(hypsometric curve) 등을 사용하여 계산한다.

1.4.1 등고선 면적법

이 방법은 서로 인접한 등고선 간의 평균표고에 두 등고선 사이의 면적을 곱하여 이를 합산한 후, 총 면적으로 나누어 산출하는 방법이다.

1.4.2 등고선 연장법

등고선 연장법은 각 등고선 길이에 등고선 표고를 곱하고 이를 전체 등고선 길이의 합으로 나누어 산출하는 방법이다.

1.4.3 교점법

교점법은 유역을 격자망으로 구분한 후, 유역경계(분수계)와 격자선과의 만나는 점을 제외한 유역 내부의 각 격자점의 고도를 합한 후, 이를 격자점의 수로 나누어 산출하는 방법으로, 유역 크기가 대규모적인 지역에서 개략적인 값을 계산하는데 많이 이용된다.

1.4.4 면적-고도곡선

이 방법은 면적-고도곡선상의 면적비가 50%가 되는 표고를 평균고도로 산출하는 방법이다.

1.5 토양도

토양도에는 토양통(土壤統)이 표시되어 있고, 토양통의 이화학적(理化學的) 성질, 토양등급 등이 수록되어 있다. 토양사용자들은 이 토양도를 참고로 해서 토양 사용 계획·관리·대책 등을 수립한다.

토양도(soil map)는 항공사진과 토양조사로 토양을 분류한 뒤, 이것을 지도상에 나타낸 것으로, 농촌진흥청 농업기술연구소에서 1/50,000 개략토양도와 1/25,000 정밀토양도를 출판하고 있으며, 토양도는 항공사진과 현지 토양조사 결과로부터 토양을 분류하여 작성한다.

표 1.2 토양분류표

분류	토양명	토양의 성질
해안 및 해안 평탄지에 분포된 토양	Fb	·해안사구, 배수 양호 내지 매우 양호, 사질
	Fm	·회색토, 충적토, 염류토 및 특이산성토, 배수 약간 불량 내지 불량, 미사식양질 내지 사양질
내륙 평탄지 및 곡간지에 분포된 토양	Af	·충적토, 배수 불량 내지 매우 양호, 미사사양질 내지 사양질
	An	·회색토 및 충적토, 배수 양호 내지 약간 불량, 식양질 내지 사양질
	Ap	·회색토, 충적토 및 적황색토, 배수 불량 내지 양호, 미사식양질 내지 사양질
용암류 평원 및 대지에 분포된 토양	Lp	·화산회토, 배수양호, 돌 및 자갈이 있는 식양질
	Lt	·화산회토 및 용암류, 배수 양호 내지 매우 양호, 돌 및 자갈이 있는 식양질
저구릉지 및 산록지에 분포된 토양	Rs	·적황색토, 암쇄토, 회색토 및 퇴적토, 산성암 및 홍적, 배수 양호 내지 약간 불량, 식질 내지 사양질
	Re	·암쇄토, 회색토 및 충적토, 배수 매우 양호 내지 불량, 사양질
	Rl	·적황색토, 암쇄토, 회색토 및 퇴적토, 석회암, 배수 양호 내지 약간 불량, 식양질 내지 사양질
	Rs	·암쇄토, 적황색토, 회색토 및 퇴적토, 배수 양호 내지 약간 불량, 식양질 내지 사양질
	Rv	·적황색토, 회색토 및 퇴적토, 중성 내지 염기성암, 배수양호 내지 약간 불량, 식양질 내지 사양질
구릉 및 산악지에 분포된 토양	Ma	·암쇄토 및 적황색토, 산성암, 배수 매우 양호, 식양질 내지 사양질
	Mj	·화산회토, 화산분석구, 배수 매우 양호, 자갈이 있는 식양질 내지 자갈이 있는 사양질
	Ml	·암쇄토 및 적황색토, 석회암, 배수 매우 양호, 식양질 내지 사양질
	Mm	·암쇄토, 변성퇴적암 및 편암, 배수 매우 양호, 식양질 내지 사양질
	Ms	·암쇄토, 퇴적암, 배수 매우양호, 사양질 내지 식양질
	Mu	·산성갈색 산림토 및 암쇄토, 산성, 중성, 염기성 및 퇴적암, 배수 양호, 식양질 내지 사양질
	Mv	·암쇄토, 중성 내지 염기성 암, 배수 매우 양호, 식양질 내지 사양질

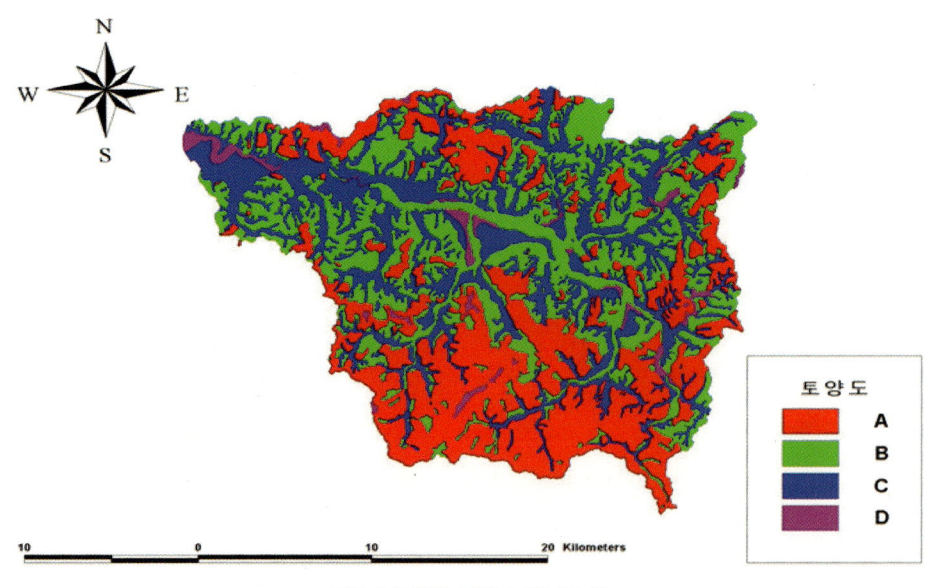

그림 1.8 유역 토양도 작성의 예

1.6 토지이용도

토지이용도(land use map)는 토지이용의 현황을 나타낸 지도로서, 농업정책을 수립할 때나 농업용 토지의 이용 상황, 도시나 촌락의 기능, 도로·철도의 노반(路盤) 또는 토지의 보존·개량을 위한 시설 등을 색채로 인쇄한 지도이다. 국내에는 5만분의 1 토지이용도가 있으며, 국립지리정보원에서 간행하고 있다.

토지이용도는 대축척의 지형도를 기본도로 하여 지류별로 다른 색으로 인쇄하여 제작하는데 토지의 이용 상태나 지류 자체도 변화가 심하므로 지형도의 측도연대를 확인한 후 작도하지 않으면 현 상태의 토지이용도와 다른 지도로 변질될 우려가 생긴다. 1:25,000 축척의 토지이용도는 국토이용계획 및 환경, 도시, 농업 분야 등에서 광범위하게 사용되고 있으며, 토지피복을 중심으로 토지이용 상태를 표현하고 있고, 분류체계는 대·중·소 분류의 계층성을 가지며, 모두 4개의 대분류와 14개의 중분류, 39개의 소분류를 갖는다.

표 1.3 토지이용도 분류

대분류	중분류	소분류
농지	논	◦ 경지정리답 ◦ 미경지정리답
	밭	◦ 보통·특수작물 ◦ 과수원 ◦ 기타
임지	초지	◦ 자연초지 ◦ 목초지
	입목지	◦ 침엽수림 ◦ 활엽수림 ◦ 혼합수림
	기타	◦ 골프장 ◦ 공원묘지 ◦ 유원지
도시 및 주거지	주거지 및 상업지	◦ 일반주택지 ◦ 고층주택지 ◦ 상업·업무지 ◦ 나대지 및 인공녹지
	교통시설	◦ 도로 ◦ 철로 및 주변 지역 ◦ 공항 ◦ 항만
	공업지	◦ 공업용지 ◦ 공업나지·기타
	공공시설물	◦ 발전시설 ◦ 처리장 ◦ 교육·군사시설 ◦ 공공용지
	기타시설	◦ 양어장·양식장 ◦ 채석장 ◦ 매립지 ◦ 광천지
수계	습지	◦ 갯벌 ◦ 염전
	하천	◦ 하천
	호소	◦ 호소 ◦ 댐
	기타	◦ 백사장 등

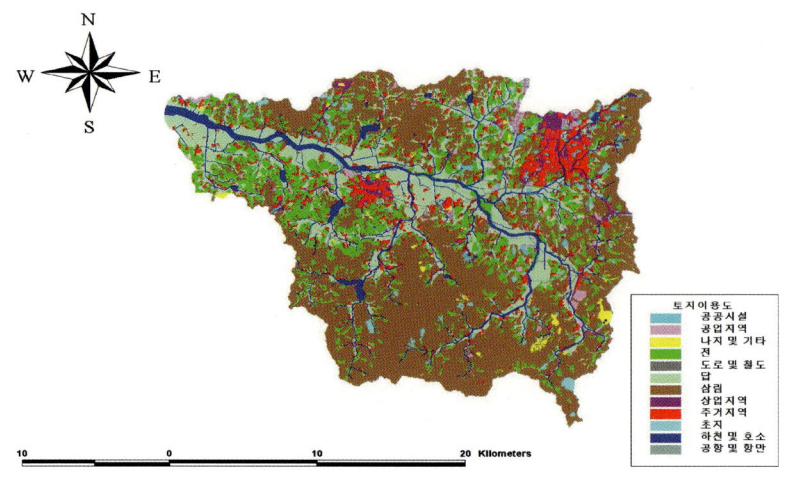

그림 1.9 유역 토지이용도 작성 예

1.7 수문·기상 자료

도로 배수유역의 배수시설물들의 종류, 형태, 크기 등을 결정하는 수문인자들을 도출하기 위해서 해당 도로 배수유역의 수문자료와 기상자료를 조사하여 수집하여야 하고, 다음과 같이 분류할 수 있다.

표 1.4 수문·기상 조사 자료

구분	조사 자료
기상 자료	관측소명, 위치, 관측기간
	기온, 기압, 습도, 풍향 및 풍속, 일조량, 일사량
	관측량의 평균, 최고·최젓값, 연간 기상 개황
수문 자료	수문 관측시설: 관측소 숫자, 관측 계기의 종류 및 숫자
	관측 종류: 강우량, 강설량, 수위, 유량, 증발량, 지하수위 등
	관측 관할: 국토해양부, 기상청, 한국수자원공사 등
	관측 방법: 원격관측(TM), 위성, 이동통신, 자기, 보통 등
	관측소 운영 상태: 자료의 이용 가능성 여부, 관측의 중단여부, 관측시설의 이설 상황 등

대상 도로 배수유역의 수문자료와 기상자료 등을 조사하는데, 기상자료는 기상청 또는 국토해양부 등 공공기관에서 발행하는 간행물이나 연보에 수록된 자료, 대표 시험유역이나 유출 시험유역에서 관측된 자료 또는 이에 준하는 자료로서 반드시 검증된 것을 이용한다.

[기상자료 구축 예시]

□ 조사항목
기온, 증발량, 상대습도, 강우량, 최대풍속, 천기일수 등

□ 기상자료 작성

월별	기온(℃)			강우량 (㎜)	증발량 (㎜)	상대습도 (%)	최대풍속 (m/s)	천기일수		
	평균	최고	최저					강우일수 (≥0.1㎜)	적설 일수	결빙 일수
1	0.2	17.2	-16.8	32.6	44.9	70.3	20.3	11.1	11.0	27.5
2	1.9	21.1	-13.4	41.9	53.2	67.9	14.7	9.2	7.0	22.4
3	6.4	24.3	-10.1	59.3	90.2	65.4	20.0	9.1	2.9	14.4
4	12.7	29.1	-3.7	93.5	122.1	65.7	18.7	9.6	0.1	1.4
5	17.8	33.9	3.4	94.7	151.1	68.7	14.3	9.5	-	-
6	21.9	36.7	8.7	163.8	153.2	74.3	16.3	11.1	-	-
7	25.5	38.5	15.0	252.9	148.3	80.7	17.7	15.3	-	-
8	26.2	37.6	12.6	227.0	157.6	78.5	25.0	13.7	-	-
9	21.4	34.4	5.6	144.3	116.3	75.8	17.7	10.3	-	-
10	15.3	30.6	-0.1	49.0	97.9	71.0	16.0	6.8	-	0.2
11	8.8	26.7	-6.9	48.1	60.1	71.1	14.7	9.2	1.7	7.6
12	2.9	19.7	-12.4	31.6	53.6	71.1	16.7	9.8	7.3	24.3
전년	13.4	38.5	-16.8	1238.7	1248.5	71.7	25.0	124.6	30.0	97.9

[수문자료 구축 예시]

□ 조사항목
우량, 수위, 관측 연혁 등

□ 수문자료 작성

- 우량 관측소 현황

관측소	관측 종별	위치			해발고 (EL.m)	관측개시 년, 월	관할 관서	비고
		지명	동경	북위				
북이	T/M	전남 장성군 북이면 백암리 백양제	126-46-32	35-26-36	240.0	1962.7.	국토해양부	
담양댐	〃	전남 담양군 용면 도림리 취수탑 도교	127-00-50	35-22-24	100.0	1992.4.	〃	
장성댐	〃	전남 장성군 장성읍 용강리 취수탑 도교	126-49-11	35-21-16	240.0	1992.4.	〃	
장성	〃	전남 장성군 장성읍 성산리 농촌지도소	126-48-28	35-19-02	60.0	1916.6.	〃	'98.12 폐쇄
삼서	〃	전남 장성군 삼서면 대곡리 면사무소	126-38-54	35-13-44	20.0	1961.8.	〃	
광주댐	〃	전남 담양군 고서면 분향리 광주댐 내	126-59-30	35-11-49	80.0	1992.4.	〃	
광주	〃	광주 남구 서2 대성초교	126-54-25	35-08-27	60.0	1992.4.	〃	
광주	자기	광주 북구 운암동 산1번지	126-53	35-10	74.5	1914.9	기상청	
무등산	T/M	광주 동구 용연동 무등산 제2중계소	127-00-02	35-06-45	520.0	1992.4.	국토해양부	
동곡	〃	광주 광산구 하산동 동곡초등교	126-46-31	35-05-41	20.0	1992.4.	〃	
함평	〃	전남 함평군 함평읍 기각리 기산초등교	126-31-11	35-03-53	10.0	1963.1	〃	

- 수위 관측소 현황

| 하천 | 관측소 | 관측 종별 | 위치 | | | 관측 개시 년월 | 영점 표고 (EL.m) | 관할 관서 | 조석 영향 |
			행정구역	동경	북위				
영산강	담양댐	T/M	전남 담양군 용면 도림리 취수탑 도교	127-00-50	35-22-24	1992.4.	2.17	국토해양부	무
	삼지	〃	전남 담양군 봉산면 삼지리 삼지교하류	126-56-15	35-16-03	2003.8	26.67	〃	〃
	금월	〃	전남 담양군 금성면 금월리 금월교하류	127-01-07	35-19-47	2003.8	53.44	〃	〃
	광주	〃	광주 북구 용전동 용산교하류	126-53-26	35-14-15	1992.4.	20.67	〃	〃
	마륵	〃	광주 서구 벽진동 극락교하류	126-49-42	35-07-57	1916.1.	7.66	〃	〃
	본동	〃	광주 광산구 용봉동 251-7	127-46-27	35-04-06	1916.1.	3.73	〃	〃
	나주	〃	전남 나주시 삼도동 나주대교하류	126-44-01	35-02-00	1915.9.	1.31	〃	〃
	영산포	〃	전남 나주시 영산동 영산대교	126-42-51	35-00-00	1915.9.	-0.72	〃	〃
	회진	〃	전남 나주시 다시면 신풍리	126-40-25	34-59-47	1917.6.	-1.73	〃	유
	사포	〃	전남 함평군 학교면 곡창리 동강교 상류	126-32-51	34-58-53	1962.1.	-3.24	〃	〃
	명산	〃	전남 무안군 몽탄면 명산리 양수장부근	126-31-26	34-54-04	1992.4.	-2.93	〃	〃
	하구언(내)	〃	전남 영암군 삼호면 나불리 하구언	126-26-57	34-47-14	1992.4.	0.00	〃	〃
	하구언(외)	〃	〃	126-26-58	34-47-06	1992.4.	0.00	〃	〃

- 관측기록 보유현황

| 관측소명 | 관측기간(년) | | | | | | | | | | 비고 |
	1900	1910	1920	1930	1940	1950	1960	1970	1980	1990	2000
북이									80	91 93	현재	
							64			91 93	현재	
담양댐										94	현재	
										93	현재	
장성댐										94	현재	
										93	현재	

- 기왕 최고홍수위 관측 기록

| 수위 관측소 | 기왕 최고홍수위(m) | | 기준홍수위(m) | | |
	발생일시	수위	관리수위	주의보수위	경보수위
마륵	'89. 7.25. 18:00	6.80	4.5	5.5	6.5
선암	'89. 7.25. 16:00	4.88	3.0(2.5)	4.0(3.5)	5.0(4.5)
본동	'89. 7.25. 20:00	9.02	4.0	6.0	7.0
남평	'89. 7.25. 20:00	5.67	2.0	3.0	4.0
나주	'89. 7.25. 22:00	10.80	5.0	7.0	8.0
영산포	'89. 7.25. 23:00	11.42	5.0	7.0	9.0

제2장
수문 설계

2.1 수문관측소

수문관측소란 다양한 수문데이터를 측정하기 위한 장소를 총칭하지만, 일반적으로 기상관측소, 우량관측소, 수위관측소, 유량관측소 등으로 분류한다. 여러 가지 목적의 국토개발사업에 필요한 수문 자료들을 획득하기 위해서는 개발 목적에 부합하는 자료들을 선별하여 사용한다.

도로 배수유역 내 계획되는 제반 배수시설물들의 수문량 설계를 위해서는 도로의 신설, 확장, 이설 등에 따라 대상 현장 주변의 수문관측소에 축적된 수문자료들을 이용하며, 그림 2.1은 도로 배수시설 설계에 사용되는 전국 수문관측소 지점의 위치를 보여준다.

도로의 배수유역은 하천유역과 달리 유역의 크기가 상대적으로 매우 작고, 현재 도로 배수시설 설계에 사용 중인 수문관측소 지점에 대한 적용성 검토가 부족한 상황이므로, 유역면적이 4㎢ 내외인 도로 배수유역에 적합하도록 확장된 수문관측소 지점을 적용해야 한다.

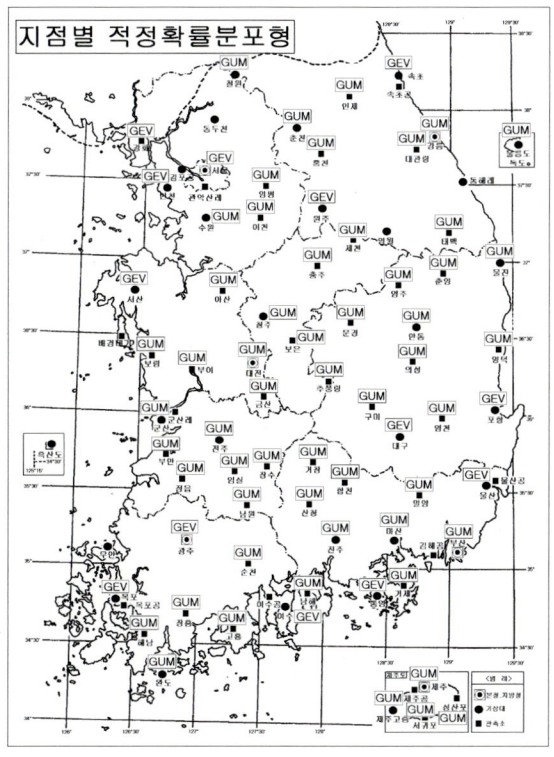

그림 2.1 전국 68개 지점의 수문관측소(건설교통부, 2000)

2.2 설계빈도

도로배수시설물의 결정은 도로 배수유역의 설계홍수량 산정으로부터 시작되며 설계홍수량은 설계빈도의 함수이다. 따라서 설계빈도를 결정하는 것이 도로 배수시설 설계의 기초가 된다. 설계빈도의 결정에는 경제적 측면, 위험성 측면에 대한 분석이 실시되는데 설계빈도를 높여 설계 홍수량을 크게 계획하면 배수시설의 규격이 커져 전반적인 건설비용이 증가하나 홍수로 인한 피해 정도와 발생빈도는 감소할 수 있다. 반대로 설계홍수량을 작게 계획하면 건설비용은 절감되나 홍수에 대한 위험은 증가하게 된다.

설계빈도(design frequency)의 사전적 의미는 설계하고자 하는 배수구조물에 대한 유량의 회기빈도를 뜻하는데, 도로 배수시설물의 크기를 결정하는 기준으로 삼는 홍수량 또는 강우량 등 수문 제량의 발생빈도를 말한다.

표 2.1 도로 배수시설물의 설계빈도

구분	설계빈도	
	일반 지역	집중호우 발생 예상 지역 (산지, 계곡부 등)
교량	하천정비기본계획상의 계획빈도를 따른다. 단, 하천정비기본계획이 미수립된 경우에는 하천 관련기관과 협의하여 결정하거나 하천설계기준에 따라 결정한다.	
암거 및 배수관	25년	50년
노면 및 비탈면 배수	10년	20년
측도 및 도로 인접지 배수	10년	20년
집수정 등 배수 구조물 간 접속부	접속하는 시설물 중 빈도가 큰 값 적용	

2.3 강우강도

일반적으로 강우의 강도는 강우의 지속시간에 따라 다르다. 지속시간이 긴 강우는 짧은 지속시간의 강우보다 그 강도가 낮으며, 이와는 반대로 지속시간이 짧은 강우는 그 강도가 커지게 된다. 또한 동일한 지속시간의 강우가 항상 일정한 강도를 갖는 것은 아니다. 확률적으로 동일한 지속시간의 서로 다른 강우강도는 그 크기가 작을수록 발생하는 빈도(frequency)가 많고 클수록 작아지게 된다.

이러한 관계에서 해당지점의 강우자료를 통계적으로 분석하여 강우강도-지속시간-빈도곡선(intensity-duration- frequency I.D.F 곡선)을 얻을 수 있으며, 다음 그림은 서울지역의
강우강도-지속시간-빈도곡선이다.

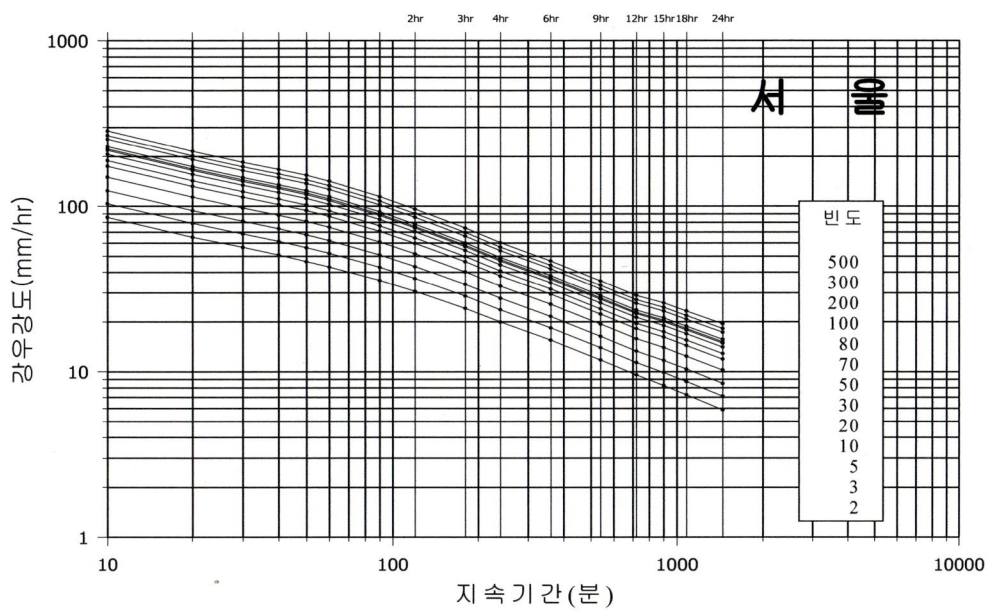

그림 2.2 서울지점의 강우강도-지속시간-설계빈도(재현기간) 곡선

일반적으로 강우강도(Rainfall Intensity)란 단위 시간(hr)에 내리는 강우량(㎜)을 말하고
단위는 ㎜/hr를 사용한다.

강우강도는 경험식으로 표현할 수 있으며 지역 및 재현기간에 따라 적용식이 적용되는
데, 다음은 일반적으로 사용하는 강우강도식의 형태이다.

① Talbot형:	$I = \dfrac{a}{t+b}$	식 2.1
② Sherman형:	$I = \dfrac{a}{t^m}$	식 2.2
③ Japanese형:	$I = \dfrac{a}{\sqrt{t} \pm b}$	식 2.3
④ Semi-Log형:	$I = a + b \times \mathrm{Log(t)}$	식 2.4

여기서, I : 강우강도(㎜/hr), t: 강우지속시간(min), a, b, m: 상수

강우강도를 산정하는 방법으로는 건설교통부(2000)에서 제시한 공식과 '분 단위 강우 강도 공식'을 이용하여 강우강도를 산정한다. 단, 건설교통부에서 제시한 공식은 2000년 건설교통부『중앙하천관리심의위원회』에서 심의 의결되어, 하천을 기준으로 강우분포를 해석한 강우강도 산정기법이지만, 최근 빈번하게 발생하고 있는 강우의 국지적 특성을 제대로 반영하지 못하며, 강우자료 또한 제시한 시점인 2000년 기준의 것으로서 계속적인 자료의 업데이트가 필요하다.

'분 단위 강우강도'는 국토해양부(2010)에서 수행한 국책 연구과제의 연구 결과로서 도출된 방법으로, 국내 도로 배수유역과 같이 지속시간이 짧은 소유역에 적합하도록 개발된 기법이며, 최근의 기상이변 특성과 국내 도로 배수유역의 특성을 매우 잘 반영하고 있다.

2.3.1 건설교통부 공식

건설교통부『중앙하천관리심의위원회』에서 심의 의결되어 제시된 공식에서는 22개 기상측후소 강우자료를 빈도해석한 후, 적정분포형으로 Gumbel 분포를 채택하고, 이로부터 얻어진 확률강우량을 다음과 같은 선형화기법을 이용하여 단기간, 장기간으로 구분하여 강우강도공식을 유도하였으며, 강우강도 계산에 일반적으로 사용되고 있다.

$$I(T,t) = \frac{a + b\ln\dfrac{T}{t^n}}{c + d\ln\dfrac{\sqrt{T}}{t} + \sqrt{t}} \qquad \text{식 2.5}$$

여기서,
T: 재현기간(년)
t: 강우지속기간(분)
a, b, c, d: 지점별로 결정되는 지역상수

표 2.2 한국 확률강우량도 작성에 의한 강우강도공식의 지역상수

지점	단·장거리 분리		지역상수				
			a	b	c	d	n
속초	240분	단기간	93.7767	77.1755	1.1261	0.2165	-0.2620
		장기간	158.2023	82.0172	2.8169	0.6434	-0.0835
춘천	전체	단기간	172.6329	82.6687	0.0555	0.1444	-0.0073
		장기간	172.6329	82.6687	0.0555	0.1444	-0.0073
강릉	120분	단기간	98.1820	78.2095	0.1927	0.1525	-0.1758
		장기간	188.0071	101.6393	3.5588	0.5308	0.0141
서울	120분	단기간	153.0746	144.5254	0.6011	0.1562	-0.1488
		장기간	324.7979	91.6429	-2.8899	0.0176	0.2685
인천	120분	단기간	322.7979	147.1074	2.1344	0.2689	0.1109
		장기간	338.1145	97.8410	-2.0748	0.0655	0.2937
원주	전체	단기간	368.0955	126.2754	1.0182	0.1342	0.2777
		장기간	368.0955	126.2754	1.0182	0.1342	0.2777
수원	30분	단기간	79.1287	78.0319	-0.2551	0.1088	-0.6026
		장기간	828.3783	144.8427	4.9127	0.1139	0.6580
서산	240분	단기간	187.1922	82.8980	0.0432	0.0997	0.0486
		장기간	585.5659	119.4289	7.8698	0.7273	0.4891
청주	60분	단기간	206.9811	93.6890	0.1992	0.1380	-0.0266
		장기간	194.5685	67.0847	-1.7755	0.0855	0.0791
대전	90분	단기간	157.7852	98.5065	0.1822	0.1356	-0.2843
		장기간	521.6633	101.0004	-0.1721	-0.0005	0.5153
추풍령	60분	단기간	90.8913	64.2279	-0.3600	0.1091	-0.2834
		장기간	119.4443	47.8249	-2.1360	0.0675	-0.0654
포항	120분	단기간	51.8427	72.6780	-0.2845	0.1044	-0.3374
		장기간	266.0319	91.7480	3.0201	0.5121	0.2019
군산	90분	단기간	317.0764	96.5720	1.9521	0.1943	0.1353
		장기간	888.6918	100.2966	2.9299	-0.5044	1.0673
대구	90분	단기간	147.9781	98.0911	0.2046	0.1725	-0.0518
		장기간	310.0363	66.9800	-1.8327	-0.0354	0.4384
전주	180분	단기간	412.1723	138.2680	1.9288	0.3150	0.3174
		장기간	351.8756	82.1814	-2.3994	0.0696	0.3885
울산	30분	단기간	569.2767	185.9155	4.6126	0.2583	0.4327
		장기간	255.6156	124.4030	1.2410	0.2497	0.1373
광주	60분	단기간	185.4785	97.5953	0.5941	0.1531	-0.1131
		장기간	354.2587	78.4099	-0.6737	-0.0313	0.3859
부산	90분	단기간	253.5492	159.1007	1.6795	0.1470	0.0109
		장기간	380.9872	118.4000	-0.5210	0.0627	0.2784
통영	240분	단기간	217.0543	115.5635	1.5085	0.1156	-0.0008
		장기간	462.6959	118.7615	2.3610	0.4478	0.3651
목포	60분	단기간	140.3045	74.9801	-0.0001	0.1289	-0.1577
		장기간	350.2751	76.0617	1.1267	0.1034	0.3669
여수	240분	단기간	256.0609	116.1942	1.4971	0.2823	0.100
		장기간	292.5127	80.2553	-2.4705	0.1490	0.2509
완도	180분	단기간	4410.9550	447.7651	27.7054	-3.0745	1.3390
		장기간	354.2686	141.2124	-0.3229	0.3520	0.1945

[설계강우강도 산정 예시]

수문관측소가 춘천 인근에 위치한 도로 건설공사에서 도로배수시설의 계획을 수립하려고 한다. 계획될 도로배수시설물별 적용 가능한 설계강우강도를 산정하라.

(1) 노면 배수시설

노면 배수시설에는 흙쌓기 구간의 다이크 및 도수로, 땅깎기 구간의 집수정 및 L형 측구, 그리고 중앙분리대의 집수정 및 종·횡배수관으로 구분되어지며, 설계빈도는 10년을 적용한다.

강우지속시간은 실측을 할 수 없으므로 단기간(1분~4분)이라고 가정한다.

현재 적용 가능한 설계강우강도 계산은 앞에서 언급한 건설교통부 공식을 사용한다.

건설교통부 공식인 $I(T, t) = \dfrac{a + b\ln\dfrac{T}{t^n}}{c + d\ln\dfrac{\sqrt{T}}{t} + \sqrt{t}}$ 를 사용하고,

표 2.2에서 춘천 수문관측소 지점의 지역상수 a, b, c, d, n을 삽입하여 적용하면 설계강우강도는 다음과 같이 계산된다.

$$I(T, t) = \frac{a + b\ln\dfrac{T}{t^n}}{c + d\ln\dfrac{\sqrt{T}}{t} + \sqrt{t}} = \frac{(172.6329) + (82.6687)\ln\dfrac{(10)}{(4)^{(-0.0073)}}}{(0.0555) + (0.1444)\ln\dfrac{\sqrt{(10)}}{(4)} + \sqrt{(4)}}$$

$$= \frac{363.8212}{4.02157} = 90.47(\text{mm/hr})$$

(2) 횡단 배수시설

횡단 배수시설에는 교량, 암거, 배수관 등으로 구분되어지며, 설계빈도는 25년을 적용하는데, 교량은 하천기본계획에 따라 담당 감독관과 협의하여 결정하고, 강우지속시간은 실측을 할 수 없으므로 단기간(1분~4분)이라고 가정하며, 현재 적용 가능한 설계강우강도 계산은 앞에서 언급한 공식을 사용한다.

$I(T, t) = \dfrac{a + b\ln\dfrac{T}{t^n}}{c + d\ln\dfrac{\sqrt{T}}{t} + \sqrt{t}}$ 를 사용하고,

표 2.2에서 춘천 수문관측소 지점의 지역상수 a, b, c, d, n을 삽입하여 적용하면 설계강우강도는 다음과 같이 계산된다.

$$I(T, t) = \frac{a + b\ln\dfrac{T}{t^n}}{c + d\ln\dfrac{\sqrt{T}}{t} + \sqrt{t}} = \frac{(172.6329) + (82.6687)\ln\dfrac{(25)}{(4)^{(-0.0073)}}}{(0.0555) + (0.1444)\ln\dfrac{\sqrt{(25)}}{(4)} + \sqrt{(4)}}$$

$$= \frac{439.57}{4.08772} = 107.53(\text{mm/hr})$$

(3) 비탈면 배수시설

비탈면 배수시설은 산마루측구, 종배수구, 소단배수구로 구분되며, 설계빈도는 10년을 적용하며, 강우지속시간은 실측을 할 수 없으므로 단기간(1분~4분)이라고 가정한다.

현재 적용 가능한 설계강우강도 계산은 앞에서 언급한 공식을 사용한다.

$I(T, t) = \dfrac{a + b\ln\dfrac{T}{t^n}}{c + d\ln\dfrac{\sqrt{T}}{t} + \sqrt{t}}$ 를 사용하고,

표 2.2에서 춘천 수문관측소 지점의 지역상수 a, b, c, d, n을 삽입하여 적용하면 설계강우강도는 다음과 같이 계산된다.

$$I(T, t) = \frac{a + b\ln\dfrac{T}{t^n}}{c + d\ln\dfrac{\sqrt{T}}{t} + \sqrt{t}} = \frac{(172.6329) + (82.6687)\ln\dfrac{(10)}{(4)^{(-0.0073)}}}{(0.0555) + (0.1444)\ln\dfrac{\sqrt{(10)}}{(4)} + \sqrt{(4)}}$$

$$= \frac{363.8212}{4.02157} = 90.47(\text{mm/hr})$$

2.3.2 분 단위 강우강도 공식

도로 배수시설 설계 시 10분 이하 강우지속시간의 강우강도를 고려한 설계가 필요하며, 강우지속시간이 10분 이하인 경우에는 1분 단위 강우강도를 이용하여 적용하는 것이 바람직하다.

하천 설계와 달리 도로의 배수시설 설계에 있어서, 홍수도달시간을 감안한 설계강우의 지속시간 결정 및 적용을 위해서 10분 이하 지속시간의 강우강도를 고려한 설계가 요구되고 있으나, 현재 사용되고 있는 강우강도 식은 최소 강우지속시간이 10분으로써 도로 배수시설 설계에 적합하지 않다. 이렇게 강우지속시간이 10분 이하인 경우에는 1분 단위 강우강도를 이용하여 적용하는 것이 바람직하며, 사용되는 강우강도식의 형태는 식 2.1에서부터 식 2.4까지와 같다.

도로설계 시 적용되는 계획홍수량 산정에는 일반적으로 합리식이 적용되고 있으며, 합리식을 적용하기 위해서는 강우강도(I)를 산정하여야 하는데, 분 단위 강우강도에서는 강우강도(I)를 산정하기 위해서 그림 2.3과 같은 절차에 의해 강우강도를 산정한다. 대상지역은 추풍령지점으로 한다. 표 2.3과 같은 방법으로 각 지점에 대한 분 단위 강우강도 식을 산정한다. 이렇게 산정된 강우강도 식을 토대로 하여, 해당 도로배수시설물에서 적용되는 강우강도(I)를 산정한다.

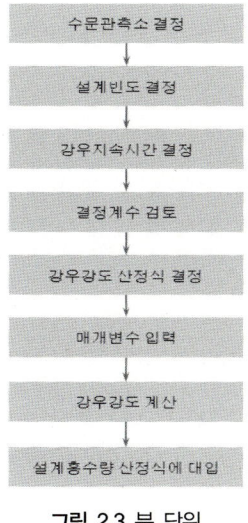

그림 2.3 분 단위
강우강도 산정 절차

표 2.3 분 단위 강우강도 산정 예(추풍령 지점)

단계		설명	비고
1단계	적용지점의 선택	· 해당 도로설계 구간이 적용될 지점을 부록에서 선택한다.	추풍령으로 선택
2단계	재현기간 선택	· 노면 배수구조물, 횡단배수 구조물 등 적용할 구조물의 재현 기간을 선택한다.	10년으로 선택
3단계	단기간 및 장기간의 해석기간 선택	· 해석기간을 단기간과 장기간 중 선택한다 ex) 노면 배수구조물: 1~4분(단기간) 횡배수구조물: 4~10분(장기간)	1~4분으로 단기간설정
4단계	결정계수비교	· 결정된 해석기간 중 매개변수란의 결정계수를 비교하여 1에 가장 가까운 결정계수에 해당하는 강우강도식을 산정	Japanese형으로 결정
5단계	강우강도산정	· 결정된 강우강도식 4가지 중 하나에 a, b의 값을 적용하여 강우강도식을 완성한다. · Talbot형: $I = \dfrac{a}{t+b}$ · Sherman형: $I = \dfrac{a}{t^b}$ · Japanese형: $I = \dfrac{a}{\sqrt{t}+b}$ · Semi-Log형: $I = a + b \times \log_{(t)}$	$I = \dfrac{310.77}{\sqrt{t}-0.60}$ 로 강우강도식을 완성하여 적용하게 된다.

2.4 유출계수

유출계수(runoff coefficient)는 유역의 형상, 지표면의 피복상태, 식생 피복상태 및 개발 상황 등을 감안하여 결정하는 유역의 특성변수 중 하나이다.

2.4.1 유출계수의 산정

유출계수는 선행강우조건, 지면경사, 피복상태, 요면저류, 토양함수상태, 유역의 모양, 지표류 속도, 강우강도 등에 영향을 받으므로 토지이용의 함수로 주어진다. 하나의 유역이 2개 상이한 토지 이용의 피복 상태로 구성되는 복합 토지이용인 경우, 다음 식을 이용하여 가중평균 유출계수를 구한다.

$$C = \frac{\sum A_i C_i}{\sum A_i} \qquad \text{식 2.6}$$

여기서, C : 가중평균 유출계수

    A_i : 상이한 피복상태의 면적

    C_i : 상이한 피복상태의 유출계수이다.

도로 배수유역 내 배수시설물의 설계에 일반적으로 사용되는 유출계수는 표 2.4와 같고, 국내의 지역별 토지이용도에 따른 유출계수의 범위는 표 2.5을 참고하여 사용할 수 있다.

표 2.4 합리식에서의 유출계수

구분	C	구분	C
포장면	0.9	도시지역	0.7
가파른 산지 및 비탈면	0.8	잡지	0.6
가파른 계곡 경작지	0.8	경작하는 평작지	0.5
논	0.8	경작하는 평계곡	0.6
완만한 산지	0.7	수림	0.3
완만한 경작지	0.7	밀림수림과 덤불숲	0.2

표 2.5 토지이용도에 따른 합리식의 유출계수 범위

토지이용		기본유출계수	토지이용			기본유출계수
상업지역	도심지역	0.70~0.95	지붕			0.75~0.95
	근린지역	0.50~0.70	잔디	사질토	평탄지	0.05~0.10
주거지역	단독주택	0.30~0.50			평균	0.10~0.15
	독립주택단지	0.40~0.60			경사지	0.15~0.20
	연립주택단지	0.60~0.75		중토	평탄지	0.13~0.17
	교외지역	0.25~0.40			평균	0.18~0.22
	아파트	0.50~0.70			경사지	0.25~0.35
산업지역	산재지역	0.50~0.80	농경지	나지	평탄한 곳	0.30~0.60
	밀집지역	0.60~0.90			거친 곳	0.20~0.50
공원, 묘역		0.10~0.25		경작지	사질토 작물 있음	0.30~0.60
운동장		0.20~0.35			사질토 작물 없음	0.20~0.50
철로		0.20~0.40			점토 작물 있음	0.20~0.40
미개발 지역		0.10~0.30			점토 작물 없음	0.10~0.25
도로	아스팔트	0.70~0.95		관개 중인 답		0.70~0.80
	콘크리트	0.80~0.95		초지	사질토	0.15~0.45
	벽돌	0.70~0.85			점토	0.05~0.25
차도 및 보도		0.75~0.85	산 지	급경사 산지		0.40~0.80
				완경사 산지		0.30~0.70

주) Ponce(1989)

2.5 설계홍수량

설계홍수량(design flood)은 홍수특성, 홍수빈도 및 홍수피해 가능성을 사회적·경제적 요인 등을 함께 고려한 후, 최종 수공구조물의 설계 기준으로 채택하는 첨두홍수량(peak flood) 또는 홍수수문곡선(flood hydrograph)으로 정의할 수 있으며, 유역 크기에 따라 소규모, 중규모, 또는 대규모 유역으로 구분하고, 도시하천과 자연하천 유역 등으로 구분하여 각각의 유출특성에 맞는 방법을 적용한다.

유출은 배수면적, 유역의 형상, 유역 경사, 토지이용 상태, 토양과 지질학적 인자, 고도, 유역의 방향성, 유로 특성, 관망 조직의 구성 양상 등의 지상학적 인자와 강우 및 강설, 온도, 습도, 증발산, 강우와 함께 강설의 해빙 등의 기상학적 인자에 영향을 받는다. 또한 유출은 눈과 빙하, 배수구역 표면의 계절성을 띤 식생의 분포, 하천 개·보수로 인한 인공적·자연적 유역 특성에 따라 영향을 받게 된다. 따라서 유출 특성에 따라 소규모, 중규모, 대규모 유역으로 분류하고 각각의 유출 특성에 맞는 설계홍수량 산정방법을 적용한다.

도시하천 유역은 토질, 지형, 불투수면적, 도달시간 등의 유출특성이 자연하천과 크게 다르고, 우수관거에 의해 강제 배제되므로 자연하천과는 다른 특성을 갖는다. 따라서 적용대상 유역의 특성에 적합한 설계홍수량 방법을 적용한다.

설계홍수량은 충분한 관측 유출량 자료가 있는 경우에는 빈도해석을 이용하여 직접 산정하며, 이외의 경우에는 유역 면적이 $4km^2$ 미만이거나 유역 또는 하도의 저류효과를 기대할 수 없는 소규모인 경우 합리식을 적용하고, $4km^2$ 이상인 중규모인 경우에는 지표면 유출결과를 바탕으로 하천유출량을 산정하는 방식을 사용하며, 이 때 하천설계기준의 설계홍수량 산정방법을 적용한다.

도로 배수유역은 규모가 작고 터널이나 교량과 같이 도로 주변의 기존 지형을 상당 부분 변형시켜 인공적으로 형성되어 있기 때문에 도로 배수유역 내 국지적인 강우가 매우 빈번하게 발생한다. 또한 도로 배수유역 내 상당수의 하천이 연장이 짧고 하폭이 좁으며 하천의 경사가 매우 급하여, 도로 배수유역의 출구까지 강우가 유하하는 시간이 매우 짧다. 결과적으로 도로 배수유역에서는 전술한 것과 같이 도로 배수유역 고유의 특성을 반영할 수 있는 설계홍수량 산정방법을 사용하는 것이 바람직하다.

현재, 도로설계 실무에서 사용 중인 도로 배수유역의 설계홍수량 산정방법으로는 배수유역 면적이 $4km^2$ 이내인 경우 일반적으로 합리식을 사용하고 있으나, 도로 배수유역에 대한 합리식의 적용성에 대한 충분한 검토가 필요하다.

최근 국토해양부 국책 연구 과제를 통해 개발된 설계홍수량 산정방법은 국내 도로 배수유역의 특성을 충분히 반영할 수 있는 방법 중의 하나이다.

2.5.1 합리식을 이용한 설계홍수량 산정

유역 면적이 4㎢ 이하인 자연유역이나 소규모 도시 유역의 설계홍수량 산정에는 합리식을 적용한다. 합리식은 일정 강우강도를 가지는 호우에 대한 유역의 설계홍수량을 산정하는 가장 대표적인 식으로 널리 이용되고 있다.

$$Q_d = 0.2778C \; I \; A$$

식 2.7

여기서,

Q_d: 유역출구에서의 첨두 유량(㎥/sec)

C: 유출계수

I: 지속기간이 t인 강우강도(㎜/hr)

A: 유역 면적(㎢)

합리식의 사용에 따른 전제조건은 다음과 같다.

① 강우강도 I의 강우에 의한 홍수량 Q_d는 그 강도의 강우가 유역의 도달시간과 같거나 더 큰 시간 동안 계속될 때 최대치에 도달한다.

② 강우의 지속기간이 유역의 도달시간과 같거나 길 때 강우강도 I인 강우에 의한 첨두 홍수량 Q_d는 강우강도 I와 직선적 관계를 가진다.

③ 첨두홍수량의 발생확률은 주어진 도달시간에 대응하는 강우강도의 발생확률과 동일하다.

④ 유출계수 C는 각각 다른 발생확률을 가지는 강우-유출 사상에 관계없이 동일하다.

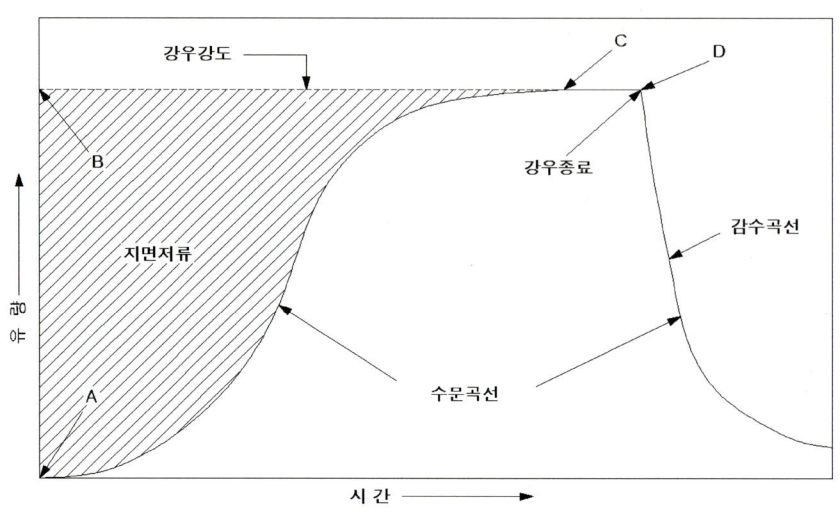

그림 2.4 합리식의 가정

[설계홍수량 산정]

도로 건설공사에서 도로 배수시설의 계획을 수립하려고 한다. 해당 배수유역의 수리·수문 및 기하구조 인자들은 도로 배수시설의 종류에 따라 아래와 같이 주어져 있을 때, 도로 배수시설물별 설계홍수량을 산정하라.

(1) 노면 배수시설
노면 배수시설의 설계홍수량을 실제로 산정하기 위한 대상구간 현황과 수리·수문 설계 인자 및 지형·기하구조 설계인자는 아래 표와 같을 경우, 해당 구간의 설계홍수량을 산정하라.

설계홍수량 산정 대상구간

대상현장		분석구간	
노선	관리기관	위치	방향
경부선	충청 영동	No.268.30~No.268.78	서울

설계홍수량 계산 인자

수리 및 수문 설계 인자							
관측소	설계빈도	유출계수	강우강도 (mm/hr)	조도계수	윤변 (m)	동수반경 (m)	통수단면적 (㎡)
대전	10	0.9	141.0	0.015	2.631	0.048	0.126
지형 및 기하구조 설계 인자							
길어깨 폭 (m)	집수거 길이 (m)	차로수 (ea)	집수폭 (m)	길어깨 횡경사	본선 종경사	본선 횡경사	
2.5	5.239	3	15.3	4%	2.44%	2.00%	

설계홍수량은 현재 합리식을 사용하여 계산하고 있으며, 합리식 공식에 필요한 변수는 유출계수(C)와 설계강우강도(I) 그리고 배수유역 면적(A)이다.

① 적용공식: 합리식 Q = 0.2778 C I A
② 유출계수(C): 도로 포장면의 유출계수는 0.9를 사용
③ 설계강우강도(I): 대전 수문관측소의 설계강우강도 계산

노면 배수시설에는 흙쌓기 구간의 다이크 및 도수로, 땅깎기 구간의 집수정 및 L형 측구, 그리고 중앙분리대의 집수정 및 종·횡배수관으로 구분되어지며, 설계빈도는 10년을 적용한다. 강우지속시간은 실측을 할 수 없으므로 단기간(4분)이라고 가정한다. 현재 적용 가능한 설계강우강도 계산은 앞에서 언급한 공식을 사용한다.

$$I(T, t) = \frac{a + b\ln\dfrac{T}{t^n}}{c + d\ln\dfrac{\sqrt{T}}{t} + \sqrt{t}}$$ 를 사용하고,

표 2.2에서 대전 수문관측소 지점의 지역상수 a, b, c, d, n을 삽입하여 적용하면 설계강우강도는 다음과 같이 계산된다.

$$I(T, t) = \frac{a + b\ln\dfrac{T}{t^n}}{c + d\ln\dfrac{\sqrt{T}}{t} + \sqrt{t}} = \frac{(157.7852) + (98.5065)\ln\dfrac{(10)}{(4)^{(-0.2843)}}}{(0.1822) + (0.1356)\ln\dfrac{\sqrt{(10)}}{(4)} + \sqrt{(4)}}$$

$$= \frac{385.602}{4.15033} = 92.91(\text{mm/hr})$$

④ 배수유역 면적(A):
도로노면 배수에서의 유역 면적은 도로의 횡단방향으로 집수폭과 종단방향으로 종단경사가 변하는 도로연장의 조합으로 결정된다. 즉, 집수폭(b)과 도로연장(l)을 산술적으로 곱한 것이 도로노면의 배수유역 면적으로 계산된다.
따라서 해당 구간의 배수유역 면적은 집수폭(b)×도로연장(l) = 15.3(m)×48.0(m) = 734.4(㎡)이다. 즉, 합리식에 적용할 배수유역 면적은 0.000734(㎢)이다.

⑤ 설계홍수량(Q):

합리식 Q = 0.2778 C I A 을 이용하면,

Q = 0.2778 C I A = 0.2778 · 0.9 · 92.91 · 0.000734 = 0.01705(㎥/sec)

결과적으로 해당 노면 배수구간의 설계홍수량 Q는 0.01705(㎥/sec)로 계산되었으며, 전술한 것과 같은 방법으로 횡단 배수시설과 비탈면 배수시설의 설계홍수량도 계산한다.

2.5.2 운동파 모형을 이용한 설계홍수량 산정

운동파 모형(kinematic wave model)이란 임의 배수유역 내 강우와 유출의 상관관계를 물리적 사실에 기반을 둔 수학적 개념을 도입하여 개발된 모형으로서, 국내 도로 배수유역 특성에 매우 적합한 설계홍수량 산정방법이다.

이러한 운동파는 중력과 마찰력이 중요하고 가속항의 관성력과 압력은 중요하지 않은 흐름이다. 중력과 마찰력이 서로 평형을 이루어 흐름은 등류가 되므로 운동파 추적은 연속방정식과 등류의 운동량방정식을 푸는 것이 된다. 연속방정식은 다음과 같다.

$$\frac{\partial A}{\partial t} + \frac{\partial Q}{\partial x} = q \qquad \text{식 2.8}$$

여기서 x는 흐름방향으로 거리, t는 시간, A는 흐름단면적, Q는 상류단에서 유입되는 유량, q는 수로의 측벽에 분포되어 있는 측벽유입량(lateral inflow)을 나타낸다.

관성, 압력, 중력 및 마찰력을 포함하는 운동량방정식에서 국부, 이송가속항과 압력항이 제외되어 얻어지는 운동량방정식은 다음과 같다.

$$S_o = S_f \qquad \text{식 2.9}$$

식 2.9에서 중력과 마찰력이 평형을 이루므로 흐름은 등류이며, 등류는 Manning 공식이나 Chezy 공식으로 기술된다. Manning 공식은 다음과 같다.

$$Q = \frac{1}{n} A R^{2/3} S_f^{1/2} = \frac{1}{n} \frac{S_f^{1/2}}{P^{2/3}} A^{5/3} \qquad \text{식 2.10}$$

여기서 n은 Manning의 조도계수, R은 동수반경이고, S_f는 에너지경사이다. 식 2.10의 유량은 다음과 같이 단면적의 함수로 나타낼 수 있다.

$$Q = \alpha A^m \qquad \text{식 2.11}$$

여기서 유량과 단면적의 관계를 나타내는 계수 α와 m은 다음과 같다.

$$\alpha = \frac{1}{n} \frac{S_f^{1/2}}{P^{2/3}}, \; m = 5/3 \qquad \text{식 2.12}$$

연속방정식 식 2.8에 체인 룰(chain rule)을 적용하고 식 2.10을 대입하면 식 2.13과 같은 운동파방정식(kinematic wave equation)의 표준형태식을 얻을 수 있다. 여기서 단면적(A)만이 종속변수이며 α와 m은 상수로 간주된다.

$$\frac{\partial A}{\partial t} + \alpha m A^{(m-1)} \frac{\partial A}{\partial x} = q \qquad \text{식 2.13}$$

식 2.13에 대한 유한차분식의 표준형은 다음과 같다.

$$\frac{A_{(i,j)} - A_{(i,j-1)}}{\Delta t} + \alpha m \left[\frac{A_{(i,j-1)} + A_{(i-1,j-1)}}{2} \right]^{m-1} \times \left[\frac{A_{(i,j-1)} - A_{(i-1,j-1)}}{\Delta x} \right] = q_a \qquad \text{식 2.14}$$

도로 배수유역과 같이 일반적으로 하천유역과 비교하여 상대적으로 매우 작은 유역에는 설계홍수량 산정을 위하여 유역 내 강우와 유출의 상관관계를 물리적 사실에 기반을 둔 수학적 개념을 바탕으로 만들어진 운동파 모형을 적용하는 것이 합리적이다.

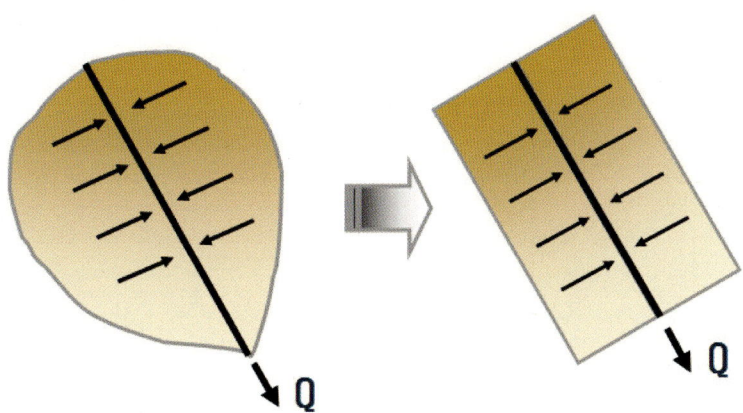

그림 2.5 운동파 모형 이론을 적용한 배수유역 개념도

제3장
수리 설계

3.1 유속

일반적으로 수로의 평균유속은 개수로 하천의 등류와 부등류 계산에 적합하고 취급이 간편한 Chezy의 평균유속 공식을 사용한다.

Manning은 Chezy 공식에서 C값을 다음과 같이 제시하고, 평균유속공식을 유도하였다.

$$C = \frac{R^{\frac{1}{6}}}{n}, \quad V = \frac{1}{n} R^{\frac{2}{3}} S^{\frac{1}{2}}$$

식 3.1

여기서, V: 평균속도(m/sec)

         n: 조도계수

         R: 동수반경(m)

         S: 수로 경사(m/m)

개수로나 관수로의 평균유속 공식은 오래 전부터 많은 공식들이 제안되고 있으나, 여기에서는 비교적 계산이 간단하고 또 신뢰할 수 있는 Manning의 공식을 사용하며, 식 3.2와 같다.

$$Q = A \cdot V$$

식 3.2

여기서, A: 유수부분의 통수 단면적(㎡)

         P: 윤변(m), 수로 횡단면에 있어서 물이 접하고 있는 부분의 길이

         R: 동수반경(수리반경 또는 경심, m), 경심 R = A/P

표 3.1 수로형태별 수리특성 요소

수로형태	단면적 A	윤변 P	수리반경 R	수면폭 T	수리수심 D	단면요소 Z
	by	$b + 2y$	$\dfrac{by}{b+2y}$	b	y	$by^{1.5}$
	$(b+zy)y$	$b+2y\sqrt{1+z^2}$	$\dfrac{(b+zy)y}{b+2y\sqrt{1+z^2}}$	$b+2zy$	$\dfrac{(b+zy)y}{b+2zy}$	$\dfrac{[(b+zy)y]^{1.5}}{\sqrt{b+2zy}}$
	zy^2	$2y\sqrt{1+z^2}$	$\dfrac{zy}{2\sqrt{1+z^2}}$	$2zy$	$\dfrac{1}{2}y$	$\dfrac{\sqrt{2}}{2}zy^{2.5}$
	$\dfrac{2}{3}Ty$	$T+\dfrac{8}{3}\dfrac{y^2}{T}$	$\dfrac{2T^2y}{3T^2+8y^2}$	$\dfrac{3}{2}\dfrac{A}{y}$	$\dfrac{2}{3}y$	$\dfrac{2}{9}\sqrt{6}Ty^{1.5}$
	$\dfrac{1}{8}(\theta-\sin\theta)d_o^2$	$\dfrac{1}{2}\theta d_o$	$\dfrac{1}{4}(1-\dfrac{\sin\theta}{\theta})d_o$	$2\sqrt{y(d_o-y)}$	$\dfrac{1}{8}(\dfrac{\theta-\sin\theta}{\sin 1/2\theta})d_o$	$\dfrac{\sqrt{2}}{32}\dfrac{(\theta-\sin\theta)}{\sqrt{\sin 1/2\theta}}$

3.2 동수반경

동수반경(hydraulic radius)은 수리반경 또는 경심이라고도 불리며, 수로의 통수단면적(A)을 윤변(P)으로 나눈 값이며, 단위는 m로 표현한다.

수로의 동수반경 산정 공식은 다음과 같다.

$$R = A/P \qquad\qquad 식\ 3.3$$

3.3 수로경사

일반적으로 개수로 또는 하천의 경사는 ⅰ) 단순경사, ⅱ) 등면적경사, ⅲ) 상하류 구간일부를 제외한 단순경사, ⅳ) 등가경사 등의 방법으로 계산한다.

3.3.1 단순경사

수로의 경사를 산정하는 방법 중에서 단순경사 방법은 수로 상·하류단의 표고차(ΔH)를 상·하류단의 거리(ΔL)로 나누어 산출한다.

$$S = \frac{\delta H}{\delta L} \qquad\qquad \text{식 3.4}$$

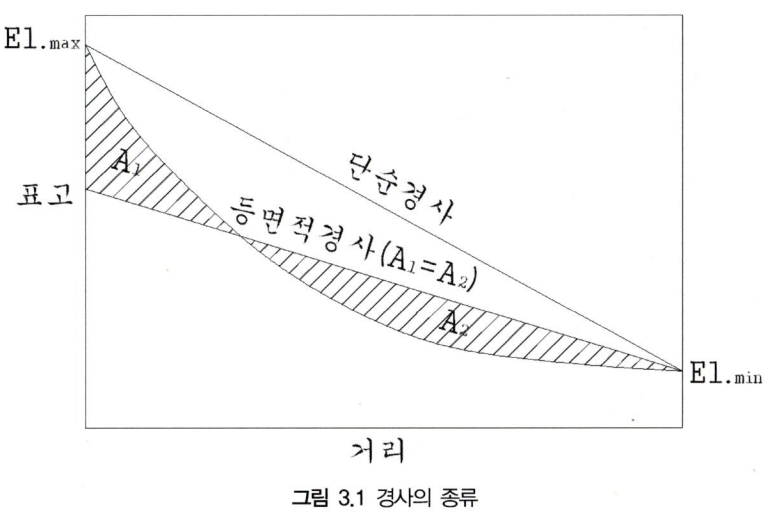

그림 3.1 경사의 종류

3.3.2 등면적 경사

등면적 경사 방법은 하천 종단도상에 직선을 그어 직선 위의 면적과 직선 아래의 면적이 동일하도록 결정하는 경사이다.

3.3.3 상·하류 구간 일부를 제외한 단순경사

이 방법은 Benson(1962)이 제안한 방법으로 유역의 출구부에서 거리상으로 10%, 85%되는 두 지점 간의 거리, 즉 상류 15%와 하류 10%를 제외한 단순경사로 85-10경사로도 불린다.

3.3.4 등가경사

등가경사(equivalent slope) 방법은 Laurenson(1962)이 제안한 방법으로 하천을 경사가 유사한 소구간으로 분할한 후, 다음과 같이 Manning 공식에 따라 소구간의 유하시간은 소구간 경사의 제곱근에 반비례하고 전체구간의 유하시간은 등가경사에 반비례하는 것으로 가정한다.

일반적으로 도로 배수유역 내 설치되는 배수로 및 배수거(암거, 배수관)의 최소 경사는 0.5%(부득이한 경우 0.2%)를 원칙으로 하나, 토사의 침전과 마모 등을 방지하기 위하여 평균유속이 0.8~3.0m/sec의 범위가 되도록 설계하는 것이 좋다. 토사의 유출이 많은 지역 또는 시공 후 청소하기가 곤란한 배수로에 있어서, 경사가 완만한 경우에는 토사의 침전 시설을 많이 설치해서 토사가 흘러 내려가는 것을 방지하여야 한다. 수로의 경사가 지형 조건 등에 의하여 급하게 되어, 유속이 정규치를 상회할 경우에는 수로단면을 충분히 안전하게 하거나, 배수시설의 재질이나 품목을 바꾸어서 조도계수나 경심을 변경해서 안전한 수로가 되게 설계하여야 한다.

3.4 조도계수

조도계수(n)는 유수에 대한 수로의 저항을 나타내는 척도이며, 수리계산에서 중요한 기본값 중의 하나이다. 따라서 수로계산에 있어서 조도계수를 적절하게 선정한다는 것은 대단히 중요하다. Manning공식에 있어서의 조도계수는 수치적으로 큰 값을 나타낸다.

수로 내 수위 계산 시 조도계수가 수위에 미치는 영향이 크므로 정확도가 높은 조도계수를 필요로 하지만, 조도계수를 정확하게 결정하는 것은 현실적으로 매우 어려운 문제이므로 세심한 주의가 필요하다.

조도계수 결정을 위해서는 조도계수에 영향을 미치는 다음과 같은 인자를 파악하는 것이 필요하다.

① 하상 표면조도: 하상 구성물질이 클수록 큰 조도계수 적용
② 식생: 식생의 종류, 크기, 밀도, 분포에 따라 조도계수에 큰 영향을 미침

③ 하도단면 불규칙성: 횡단면의 변화가 클수록 큰 조도계수 적용

④ 장애물: 교량이나 쓰러진 나무 등의 장애물이 존재하면 큰 조도계수 적용

⑤ 하도 정렬: 만곡이 심할수록 큰 조도계수 적용

⑥ 퇴적 및 세굴: 퇴적과 세굴이 활발할수록 큰 조도계수 적용

⑦ 수위와 유량: 수위와 유량이 커질수록 일반적으로 작은 조도계수 적용

도로 배수시설 설계에는 다음 표 3.2와 같은 Manning의 조도계수를 적용한다.

표 3.2 Manning의 조도계수(n)

수로상태			n값	
			양호	보통
폐수로		콘크리트파이프	0.013	0.015
		강관	0.011	-
		콘크리트 수로	0.015	0.017
개수로	콘크리트 수로	바닥에 자갈 산재	0.015	0.017
		양호한 단면	0.016	0.019
	아스팔트 수로	매끈함	0.013	-
		거칠음	0.016	-
고속도로 수로	콘크리트 수로	매끈한 표면처리	0.013	
		거친 표면처리	0.015	
	아스팔트 수로	매끈한 표면처리	0.013	
		거친 표면처리	0.016	
	콘크리트 포장수로	미장마감	0.014	

주) 도로부대시설, 1998, 건설교통부

3.5 수위

도로 배수유역 내 측구나 암거와 같은 배수시설물의 수위는 흐름 해석을 통하여 결정하는데, 수위 계산에 필요한 흐름 해석방법에는 등류 흐름 해석방법과 부등류 흐름 해석방법으로 구분할 수 있다.

수위는 배수시설물 결정에 중요한 인자로서, 강우의 도달시간(또는 지속시간)과 유량 및 유출량과 평균유속의 상관관계를 통하여 결정한다.

도로 배수시설물은 하천이나 수공구조물과 달리 강우 시에만 유수의 흐름이 존재하는 특성을 가지고 있으며, 횡단 배수시설을 제외한 배수시설물들은 도로의 종단선형의 변화에 따라 유량과 유속이 증감하므로, 홍수위 또한 유량과 유속의 영향을 받는다.

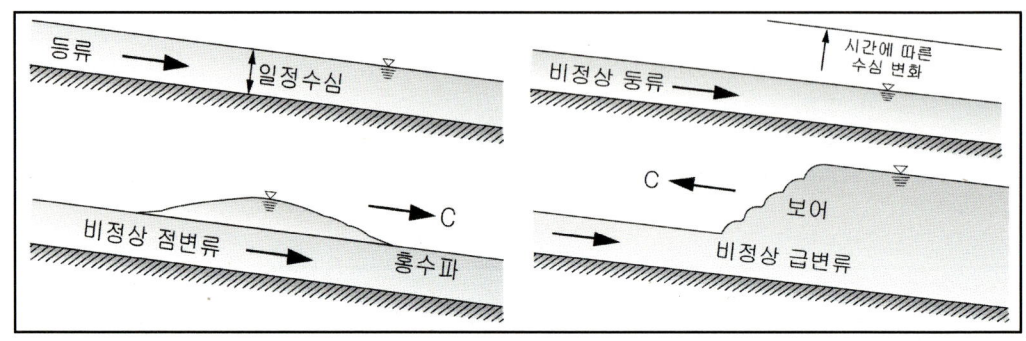

그림 3.2 시·공간 변화에 따른 수로 내 흐름의 구분

3.5.1 등류 흐름 해석방법

등류 흐름(uniform flow)은 수로 내 임의 구간이 변함에 따라 수심이 변하지 않는 흐름을 의미하고, 다음과 같은 연속방정식을 사용하여 유량을 계산한다.

$$Q = A \cdot V \qquad\qquad 식 3.5$$

$$Q = \frac{A}{n} R^{\frac{2}{3}} S^{\frac{1}{2}} \qquad\qquad 식 3.6$$

상기 식 3.5의 연속방정식에서 평균유속 V는 Chezy의 평균유속 공식을 대입하면 식 3.6이 유도된다.

여기서, A: 유수부분의 통수 단면적(㎡)
      R: 동수반경(수리반경 또는 경심, m), 경심 R = A/P
      S: 수로 내 흐름 방향으로의 바닥 경사(m/m)

또한 상기 식 3.6에서 $\dfrac{A}{n} \cdot R^{\frac{2}{3}}$은 일반적으로 통수능(conveyance)이라고 말하며 K로 표현한다.

도로의 측구수로 내 흐름을 등류라고 가정하는 경우의 수로 내 수위 계산은 다음 식 3.7을 이용하여 계산한다.

$$AR^{\frac{2}{3}} = \frac{nQ}{S^{\frac{1}{2}}}$$

식 3.7

개수로 설계에서는 일반적으로 유량과 단면형은 기지의 값으로 주어지고, 이때의 등류 수심을 구하는 것이 필요하며, 상기 식 3.6에서 수로 내 수심(h)만의 함수인 단면형 관련 변수를 분리하여 표시하면 식 3.7을 유도할 수 있다.

상기 식 3.7에서 우변항은 설계 시 기본적으로 주어지는 값이며, 좌변의 단면형 변수에 해당하는 수심을 구하면 이때의 값이 등류 수심이 된다. 상기 식 3.7을 사용하여 시행착오법이나 간단한 수치해석으로 등류 수심을 손쉽게 구할 수 있다.

3.5.2 부등류 흐름 해석 방법

일반적으로 자연 하천에서 등류는 존재하지 않으며, 수로의 전 구간에서 단면의 형태와 경사 등의 수로 특성은 다양한 변화가 일어난다. 이렇게 수로 단면의 형상, 경사, 마찰 등이 달라지면 그 흐름은 등류에서 벗어나 부등류가 되어 부등류 흐름 해석이 필수적으로 필요하게 된다.

도로 배수유역에 설치되는 각종 수로들도 전술한 바와 같이 모든 구간에서 부등류 흐름이 존재하게 되며, 따라서 이에 대한 해석을 통하여 수위를 계산하여야 한다.

부등류 흐름(non-uniform flow; varied flow)은 수로 내 임의 구간이 변함에 따라 수심이 변하는 흐름을 의미하는데, 점변부등류(gradually varied flow)와 급변부등류(rapidly varied flow)로 구분할 수 있다.

점변부등류는 거리에 따른 흐름의 변화와 그 영향이 비교적 먼 거리에 걸쳐 나타나는 흐름이고, 급변부등류는 점변부등류와 달리 비교적 짧은 거리에 걸쳐 변화가 발생하는 흐름을 의미한다. 점변부등류의 기본식은 베르누이(Bernoulli) 방정식에서 유도할 수 있으며, 베르누이 방정식을 거리 x에 대하여 미분하여 거리 변화량에 따른 수심 변화량으로 표시하면 다음 식과 같다.

$$H = z + y + \alpha \frac{V^2}{2g} \qquad \text{식 3.8}$$

$$\frac{dH}{dx} = \frac{dz}{dx} + \frac{d}{dx}\left(y + \alpha \frac{V^2}{2g}\right) \qquad \text{식 3.9}$$

$$\frac{dy}{dx} = \frac{S_o - S_f}{(1 - Fr^2)} \qquad \text{식 3.10}$$

여기서 H는 임의 단면에서의 총수두(total head), y는 임의 단면의 압력수두, z는 임의 단면의 위치수두이고 $\alpha \frac{V^2}{2g}$ 는 임의 단면의 속도수두를, Fr는 해당 흐름의 프루드 수를 말한다. 위 식은 점변부등류에서 거리에 따른 수심의 변화를 나타내는 식으로 수면곡선식이라고 부르기도 한다.

제4장
도로 배수시설

4.1 도로 배수시설의 구분

도로의 배수시설은 표 4.1, 그림 4.1과 같이 배수구역에 따라 세분되며 각각의 배수시설은 배수계통으로 밀접하게 연결되고 기능적으로 중복되기도 한다.

표 4.1 도로의 배수시설 구분

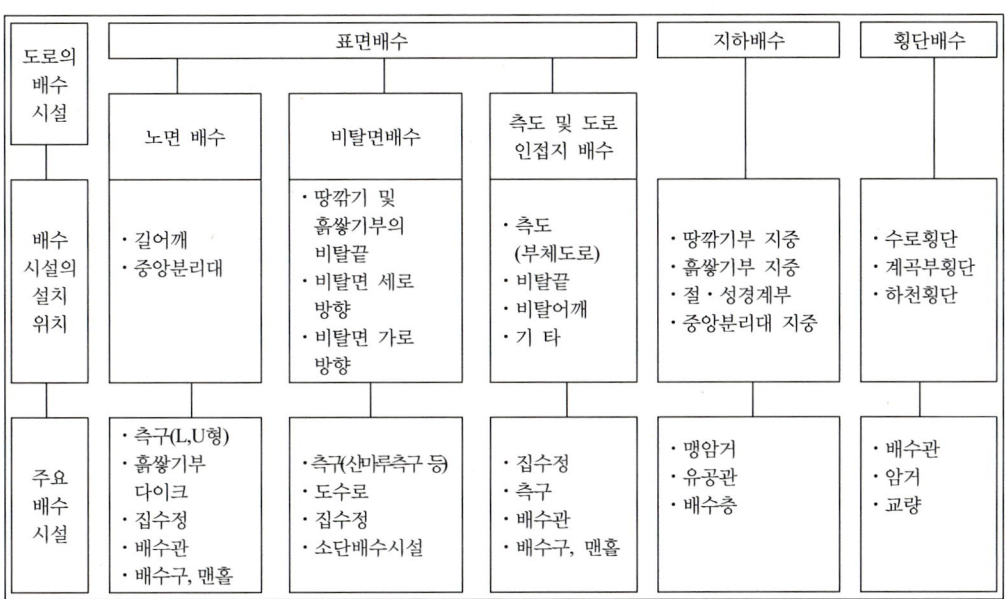

도로의 배수시설	표면배수			지하배수	횡단배수
	노면 배수	비탈면배수	측도 및 도로 인접지 배수		
배수시설의 설치 위치	· 길어깨 · 중앙분리대	· 땅깎기 및 흙쌓기부의 비탈끝 · 비탈면 세로 방향 · 비탈면 가로 방향	· 측도 (부체도로) · 비탈끝 · 비탈어깨 · 기 타	· 땅깎기부 지중 · 흙쌓기부 지중 · 절·성경계부 · 중앙분리대 지중	· 수로횡단 · 계곡부횡단 · 하천횡단
주요 배수시설	· 측구(L,U형) · 흙쌓기부 다이크 · 집수정 · 배수관 · 배수구, 맨홀	· 측구(산마루측구 등) · 도수로 · 집수정 · 소단배수시설	· 집수정 · 측구 · 배수관 · 배수구, 맨홀	· 맹암거 · 유공관 · 배수층	· 배수관 · 암거 · 교량

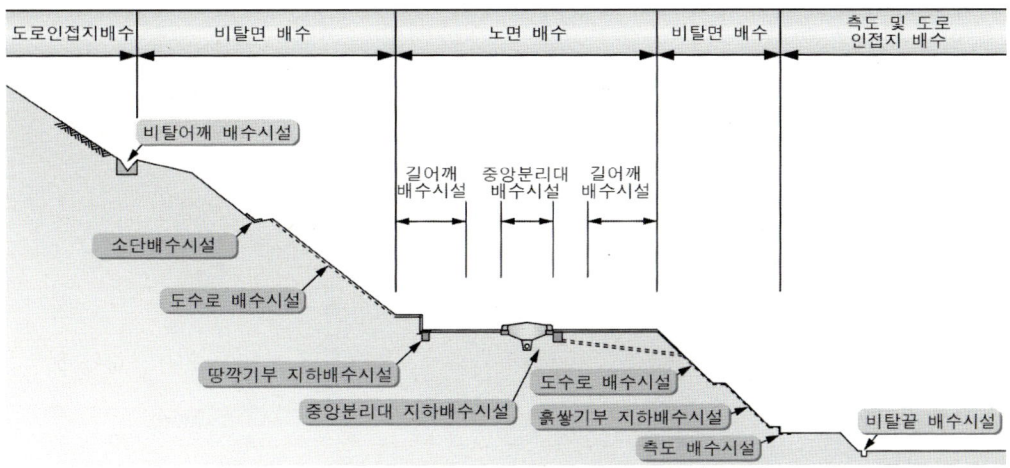

그림 4.1 도로 배수시설의 명칭 및 구분

4.2 노면 배수시설

도로의 노면 배수시설은 강우강설로 인한 노면 및 깎기부 비탈면 유입수를 원활하게 배수하기 위해 설치하며, 노면 배수시설의 종류별 형태는 그림 4.2와 같다.

4.2.1 길어깨 배수시설

노면 및 깎기부 비탈면의 배수를 위해 길어깨에 설치하는 다이크(dike), L형 측구, 집수정, 흙쌓기부 도수로, 각종 배수구 등의 배수시설물을 말한다.

4.2.2 중앙분리대 배수시설

노면의 배수를 위해 중앙분리대 측에 설치하는 중앙분리대 집수정, 종단배수관 등의 배수시설물을 말한다.

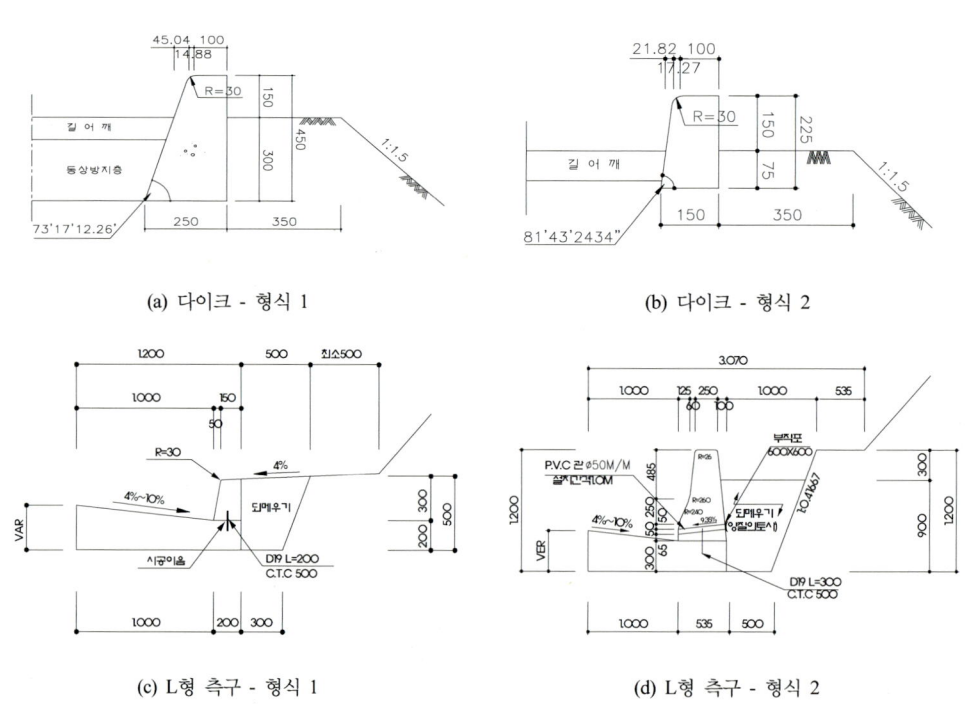

(a) 다이크 - 형식 1   (b) 다이크 - 형식 2

(c) L형 측구 - 형식 1   (d) L형 측구 - 형식 2

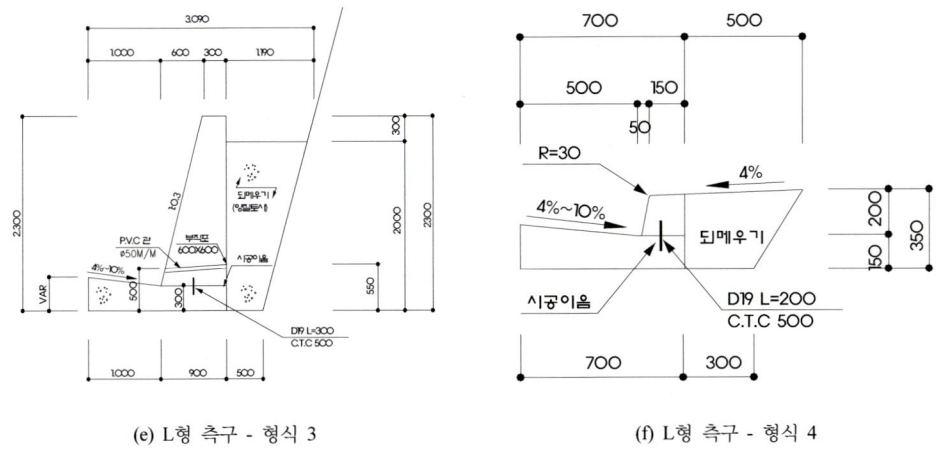

(e) L형 측구 - 형식 3   (f) L형 측구 - 형식 4

그림 4.2 노면 배수시설 형식

4.3 횡단 배수시설

  도로의 횡단 배수시설은 도로 노선의 횡단방향으로 설치되는 파이프(PIPE), 박스(BOX), 교량 등의 배수시설물을 말하는데, 일반적으로 도로 배수설계 실무에서는 파이프와 박스를 암거(culvert)라고 통칭하여 사용한다.

  암거의 단면은 원형관 또는 박스 형태가 일반적이며 암거의 크기, 경사, 유·출입부의 수심 등의 조건에 따라 유입부 조절 또는 유출부 조절을 받는 흐름의 특성을 갖는다. 아래 그림 4.3은 암거의 일반적인 설계 흐름을 나타낸다.

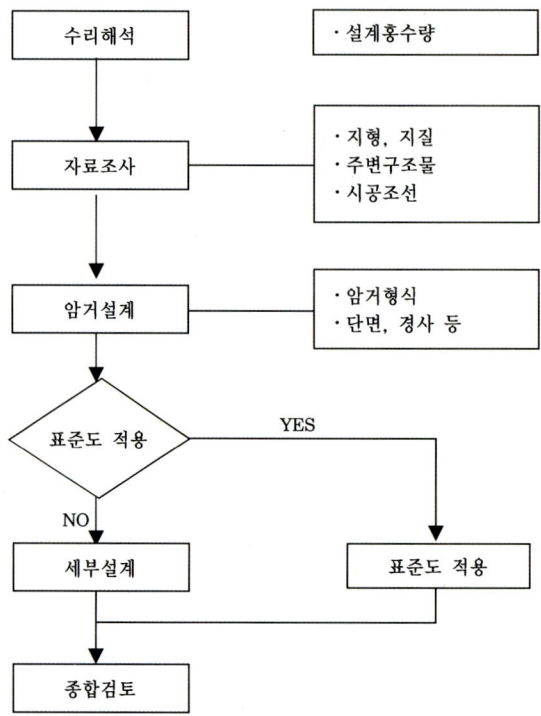

그림 4.3 암거(PIPE, BOX)의 설계 흐름

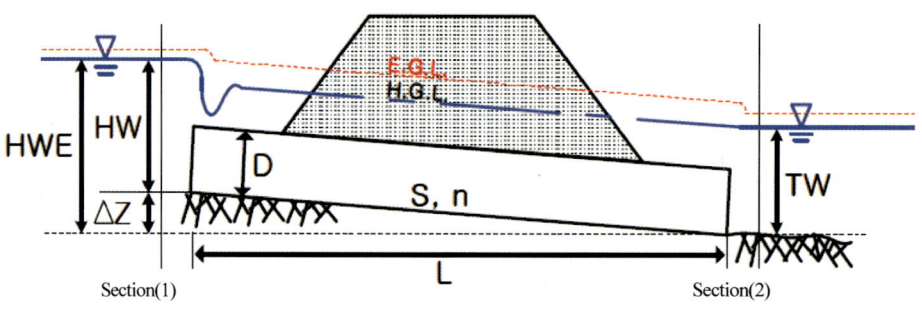

그림 4.4 도로암거의 횡단면도

4.4 비탈면 배수시설

비탈면 배수는 도로 비탈면에 내린 강우와 비탈면으로 유입되는 강우(노면 배수, 도로 인접지 강우)를 배제하기 위하여 설치하는 것으로, 깎기부와 쌓기부 비탈면 및 비탈면 끝에 설치되는 배수시설을 이용하여 강우를 기존 배수로 또는 하천으로 배수한다. 비탈면 배수시설에는 측구, 도수로, 집수정, 소단 배수시설 등이 있다.

도로 배수유역을 구성하는 비탈면은 전술한 것과 같이 쌓기부 비탈면과 깎기부 비탈면으로 구분할 수 있으며, 쌓기부 비탈면에는 주로 도로노면에 내린 강우를 배제하기 위하여 쌓기부 도수로나 집수정 등을 설치한다. 또한 깎기부 비탈면에는 산지로 구성된 자연사면에 내린 강우를 효과적으로 집수·배제하기 위한 시설물을 설치하는데, 산마루측구, 소단측구, 깎기부 도수로 등이 상기의 목적으로 설치된다.

표 4.2 비탈면 배수시설의 종류와 기능

목적	배수공의 종류	기능
표면배수(노면, 인접지, 비탈면의 배수)	* 산마루측구 * 종배수구 * 소단배수구	- 비탈면의 표면수 유하를 막는다. - 비탈면의 빗물을 종배수구로 유도한다. - 산마루측구, 소단 배수구의 물을 비탈끝으로 유도한다.
지하배수(비탈면으로의 침투수, 지하수의 배수)	* 지하배수구 * 돌망태공 * 수평배수공 * 수직배수공 * 수평배수층	- 비탈면으로의 지하수, 침투수를 배제한다. - 지하배수구와 병용하여 비탈끝을 보강한다. - 용수를 비탈면 밖으로 뺀다. - 비탈면 내의 침투수를 집수정에서 배제한다. - 흙쌓기 내 또는 자연 지반으로부터 흙쌓기로의 침투수를 배제한다.

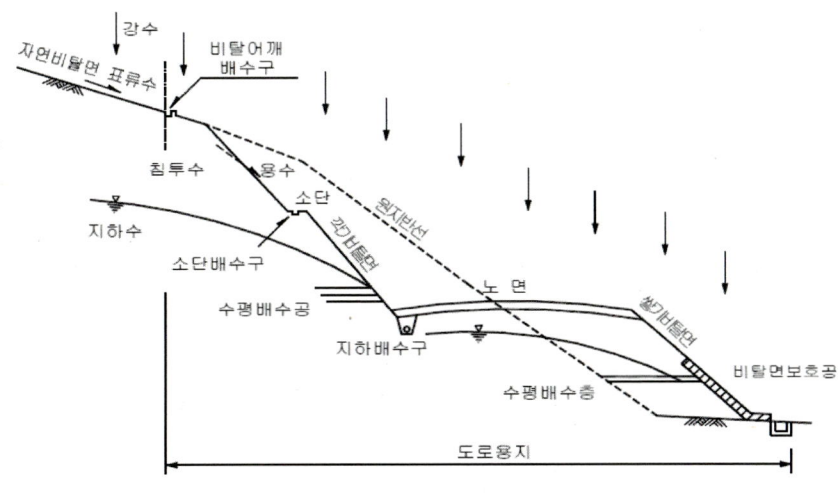

그림 4.5 비탈면 배수시설의 구성

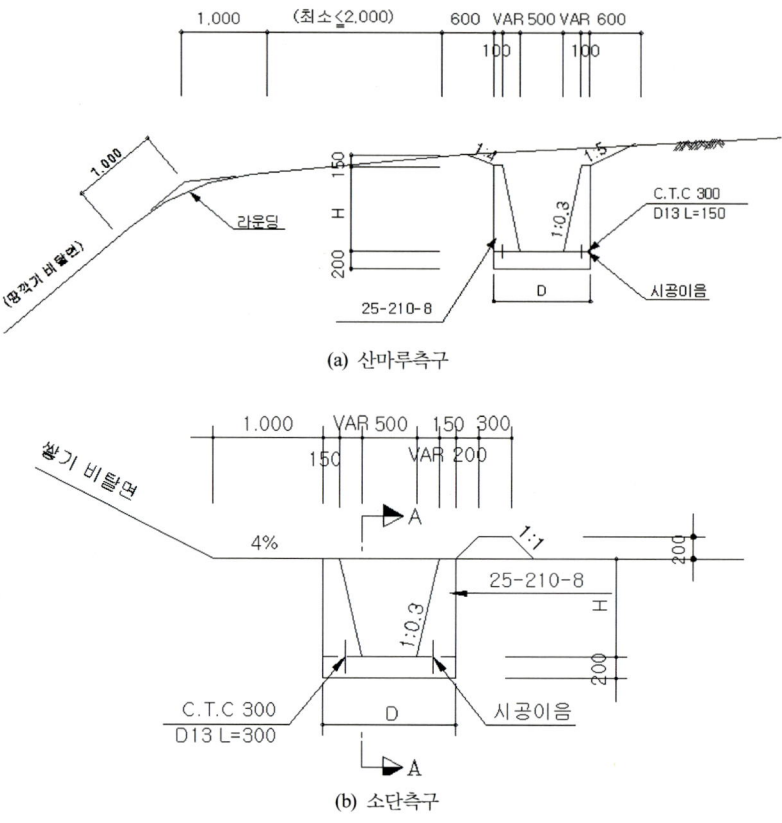

(a) 산마루측구

(b) 소단측구

그림 4.6 비탈면 배수시설 종류

4.5 도심지 배수시설

4.5.1 일반사항

도심지의 도로 배수시설은 일반적인 도로배수시설의 기준에 준한다. 도심지 배수는 우수배제가 주목적이며, 특히 기존수로나 배수구조물을 사전에 상세히 조사하여 신설된 도로의 배수시설이 기존의 배수시설용량을 초과하지 않도록 한다.

도심지 도로배수계통은 우수배제가 주목적이 된다. 이러한 우수배제를 위해 해당지역의 설계를 위해 주어진 재현기간에 대한 첨두유량을 감당하도록 설계된다. 만약 이와 같이 설계된 용량이 초과되면 우수는 맨홀을 통하여 지상으로 분출되며 도로 위로 흐르게 된다. 이러한 초과한 용량을 감당하도록 설계되지 않으면 지면흐름은 구조물을 통해서 흐르게 되어 도로피해를 유발하게 된다.

도심지배수는 그림 4.7에 나타난 바와 같이, 지표 위를 유하하는 노면수를 측구와 유입구, 암거 등의 배수시설을 통해 우수관거로 배수하게 된다. 우수관거로 배수된 노면수는 인근의 자연하천이나 유수지 등으로 배수하도록 한다.

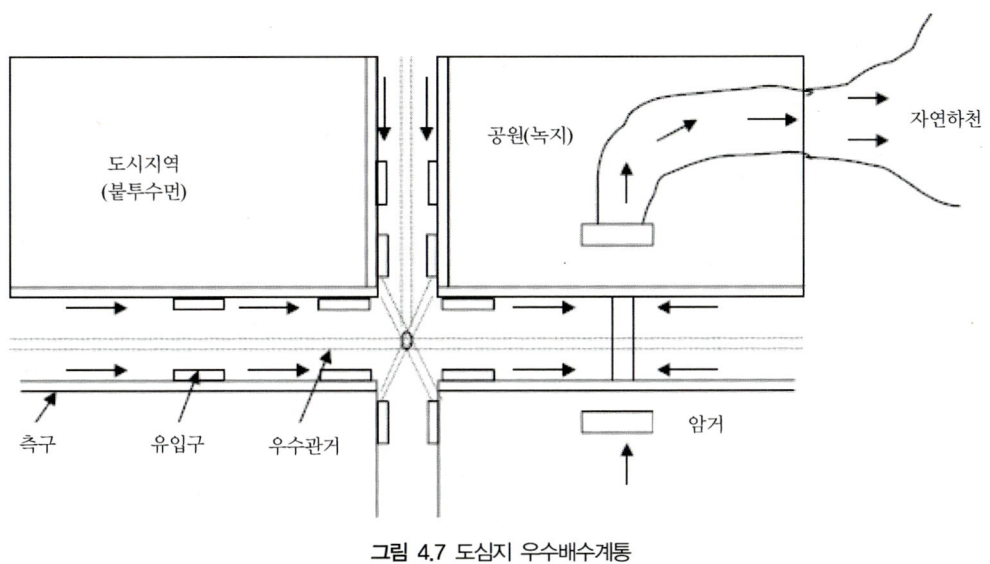

그림 4.7 도심지 우수배수계통

4.5.2 조사사항

도심지 도로배수의 조사는 계획단계에서 기존 관로 및 배수시설에 대한 조사가 행해져야 하며, 기타 장래 도시계획에 대한 조사 등도 함께 이루어져야 한다.

도심지의 도로는 그 도로를 통과하는 도시의 환경이나 기존의 수공구조물 등의 수리요인 영향을 많이 받으므로 계획단계에서 이에 관한 많은 자료와 세밀한 조사를 필요로 하는데, 도심지배수의 조사항목은 크게 다음과 같이 구분할 수 있다.

① 기존 도심지 관로 및 배수시설의 조사(지하매설물, 기존 배수시설 등)
② 지반조사(지형 및 지질)
③ 장래도시계획에 대한 자료(장기계획, 도시계획, 하천계획 등 기타관련계획)
④ 수문조사 등(하천의 흐름상태, 기상조건 등)

조사항목 중 가장 중요한 것은 기존 도심지의 관로 및 배수시설의 조사이다. 도로개설에 따른 도로의 노면 배수 및 지하배수(측구, 횡배수관, 집수정 등)는 기존의 도심지 관로 및 집수관으로 배제시켜야 한다. 이때 개설지역의 배수용량은 기존 배수시설의 용량을 초과하지 않도록 한다.

부득이 개설지역의 배수용량이 초과될 경우에는 별도의 대책을 강구하여야 한다. 또한 배수시설은 설계 당시와는 다르게 도로 공용 후 상류에 도시개발 등의 계획이 있을 때는 유출계수 등의 변화에 따라 유량의 변화도 예상되므로 상류 측의 장래 토지사용계획 및 도심지 통과지역에 대한 장래 도시계획 등에 대한 세밀한 조사가 필요하다.

4.5.3 설계인자

도심지 도로배수의 설계는 기본적으로 수리·수문의 설계인자와 같으며, 도로가 통과하는 광역단체, 시 등의 자체 도시정비계획이나 하천설계기준에 준하여 설계한다.

설계홍수량은 계획된 배수계통의 설계에 기본으로 사용되는 강우사상으로 정의된다. 설계홍수량은 빈도 또는 재현기간, 총강우량, 지속기간, 깊이 및 강우량의 시간분포 등의 요소로 구성된다. 도심지 도로 배수시설 설계에서 가장 먼저 선정되는 사항은 설계빈도 또는 재현기간이다.

4.5.4 세부 설계사항

도심지 도로배수의 설계사항에는 측구, 배수홈통, 교차로 배수 등이 있다.

(1) 측구

측구는 도심지배수에서 가장 큰 부분을 차지한다. 도로노면 위로 흐르는 우수를 배수하기 위하여 노면 양측에 위치한 삼각형 단면의 개수로이다. 설계유량은 합리식으로 결정된다.

$$q = CIL \hspace{4cm} \text{식 4.1}$$

여기서, q: 지면의 단위길이당 첨두유량($m^3/s/mm$)

C: 유출계수

I: 강우강도(㎜)

L: 등고선에 수직방향에서 지표류의 길이(㎞)

지표류의 길이 L은 다음 식으로 주어진다.

$$L = \frac{W\sqrt{r^2+1}}{r}$$ 식 4.2

여기서, L: 지표류의 길이(㎞)

W: 도로폭의 1/2

r: 종방향경사(S_L)에 대한 횡방향경사(S_c)의 비($r = \dfrac{S_c}{S_L}$)

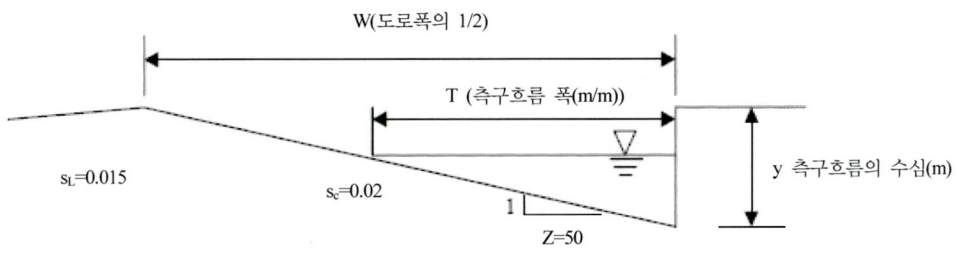

그림 4.8 측구 흐름의 예

측구의 용량은 모양, 경사 및 조도에 따라 다르며, 용량계산은 Manning 공식을 사용한다. 측구 흐름은 횡유입으로 인하여 등류가 아닌 부등류이며 흐름 방향으로 수심, 유속 및 흐름 폭이 변한다. 우수의 유입구(inlet)는 측구의 유량이 허용측구용량을 초과하는 지점에 설치된다.

측구흐름은 유입구에 의하여 차집되어 지하에 매설된 우수관거에 유도된다. 유입구로는 연석유입구나 쇠살대 유입구(grated inlet)가 사용된다. 측구흐름의 폭은 일반적으로 최대 2m로 규정한다. 이러한 기준 내에서 흐름 폭 2m가 초과되는 지점부터는 측구의 용량이 초과되므로 유입구가 설치된다.

(2) 측구홈통

측구홈통은 홈통뚜껑 형을 변형하여 모든 경사의 도로에 적합토록 할 수 있지만, 연석홈통은 종단경사가 큰 도로에는 부적당하고, 낙하능력도 측구홈통에 비해 떨어진다. 그리고 적설지역에서 연석홈통 전면을 완전 제설하지 않으면 낙하능력이 상당히 저하한다. 이를 보완하기 위해 홈통길이를 늘리면 구조상의 결함이 생길 수 있으므로 주의를 요한다.

측구홈통의 뚜껑은 첫 번째로 배수능력이 큰 것이어야 하며 동시에 자동차 하중 등의 외력에 대해서도 상당한 안전성이 필요하다.

측구홈통의 뚜껑 종류를 그림 4.9에 나타내었다.

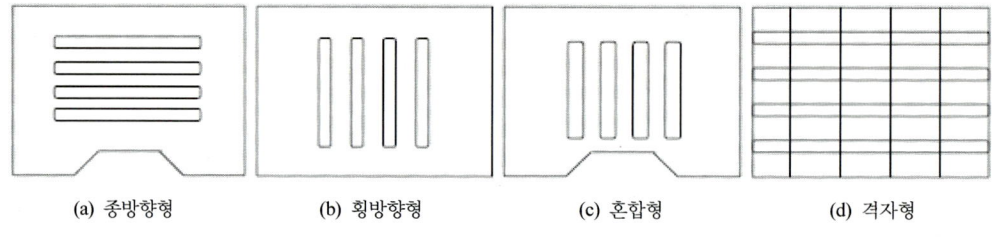

(a) 종방향형 (b) 횡방향형 (c) 혼합형 (d) 격자형

그림 4.9 측구홈통의 뚜껑 종류

종단경사가 0 또는 0에 가까운 도로에서 배수 홈통의 간격은 도로의 폭, 측구의 배수능력에 따라서 달라지지만 일반적으로 20m 정도가 이용되고 있다. 그러나 지형에 따라 물이 고이는 곳에 추가 설치할 수 있다.

한편 종단경사가 곡선부가 되는 구간은 곡부의 최저부에 반드시 1개소를 설치하고 그 전후 3~5m 떨어져 1개소씩 설치하면 좋다(그림 4.10 (a)).

고가도로 등에서 곡선부의 중심이 신축이음으로 되어 있는 경우에는 횡목구조에 따르지만 곡선부의 중심에서 1.5m 정도 떨어진 양측에 배수홈통을 설치하는 것이 적당하다 (그림 4.10 (b)).

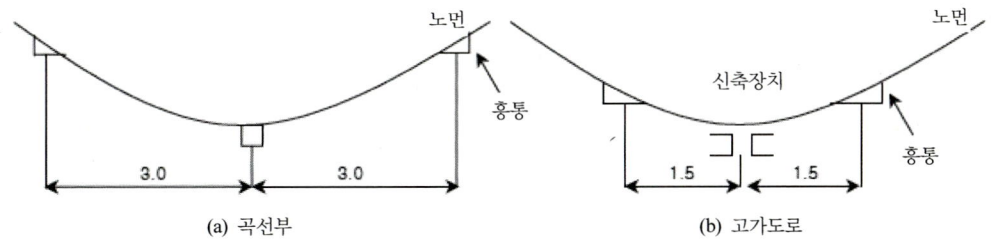

그림 4.10 곡선부와 고가도로 경우의 홈통배치(단위: m)

(a) 곡선부　　　　　　　(b) 고가도로

(3) 교차로 배수

교차점과 분기점, 종횡단곡선이 조합된 곳에서는 노면 형태가 불규칙하게 되고 배수가 어려워질 수 있다. 이를 위해 노면의 등고선을 5～10㎝ 간격으로 도시하여 배수시설을 설계하고 자동차 주행 상에도 불편하지 않도록 설계해야 하며, 배수 홈통은 개개의 집수면 적이 균형을 잃지 않도록 배치해야 한다.

그림 4.11은 도로 교차점에서의 등고선과 홈통의 배치 일례를 나타내었는데, 그림에서 화살 방향은 물이 흘러가는 방향(내려가고 있는 방향)을 나타내고 있으며, 파선은 등고선 을 보여주고 있으며, 그림에서 보면 도로의 횡단경사로는 2%를 적용하고, 종단경사는 0.4%를 적용하였다. 그리고 교차로 내에서 배수홈통까지의 경사는 0.8%를 적용하였다.

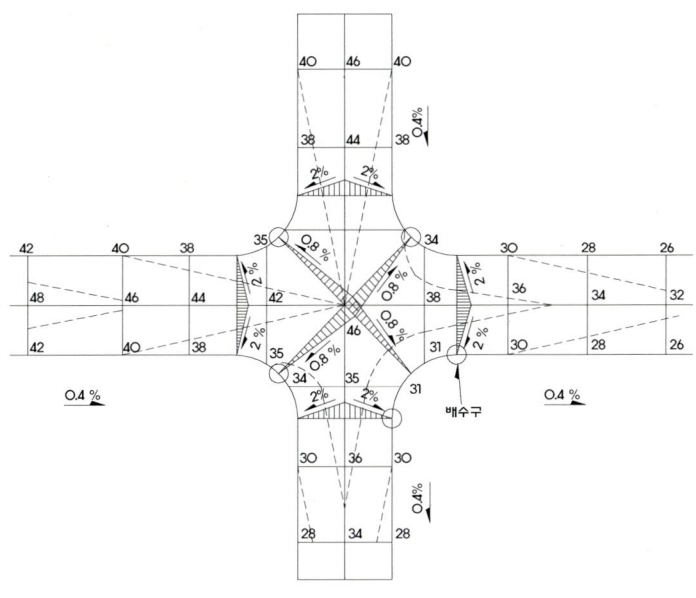

그림 4.11 교차점에서의 배수구의 배치(예)

4.5.5 우수유출 저감시설

우수유출 저감시설은 도로 위에 내리는 우수를 최대한 저류 및 지하침투를 보다 효율적으로 하여 도로배수시설의 배수능을 확보하는 데 있으며 지형 및 지질 여건을 고려하여 관계자와 협의하여 설치할 수 있다.

측구, 도수로, 집수정 배수관 및 배수암거 등의 배수시설은 도로노면을 따라 흐르는 유출수가 도로면의 마찰 저항력을 감소시켜 사고의 위험성을 증가시키기 때문에 신속하게 배수하는 데 목적이 있다. 이러한 우수 등의 유출을 더욱 효율적으로 하기 위해서는 우수 유입구의 효율성 증대, 침투집수정, 침투측구, 침투트렌치 등의 우수유출 저감시설을 설치할 수 있다.

(1) 우수유입구의 효율

우수유출 저감을 위하여 각 지형 및 여건에 맞는 우수유입구를 설치하여, 지형 및 지역 여건을 고려하여 관계자와 협의하여 설치할 수 있다.

노면수는 길어깨 배수로에서 1차 집수되어 집수정 또는 다이크 집수거를 통해 외부로 배수되는데 일반적으로 노면수 유출량과 길어깨 배수용량만을 고려하여 배수시설의 간격을 결정하게 되지만, 각각의 배수시설 유입구는 형상에 따라 상이한 배수효율을 갖게 되는데 간격결정 시 이러한 유입구의 효율은 매우 중요한 수리학적 요소로 배수시설간격 결정에 영향을 준다.

유입구 효율에 따라 집수시설의 처리용량이 제한받는 것을 뜻하므로 노면수 처리를 위한 각종 집수정, 집수거 등의 간격결정 시 유입부 형상에 따른 효율을 고려해야 한다.

$$E = Q_a / Q \qquad\qquad 식\ 4.3$$

여기서, E : 효율

   Q_a: 집수시설의 집수량(m^3/sec)

   Q : 측구의 용량(m^3/sec)

유입구의 수리학적 효율성을 좌우하는 요소는 도로 종단경사, 횡단경사와 유입구부근의 기하학적 특성이다. 종단 및 횡단경사가 이미 결정된 상태라면 결국 유입구 형상이 수리학적 효율성을 좌우하게 되는데 다음 그림 4.12와 같은 형태의 유입구에서 높은 수리학적 효율성을 기대할 수 있다.

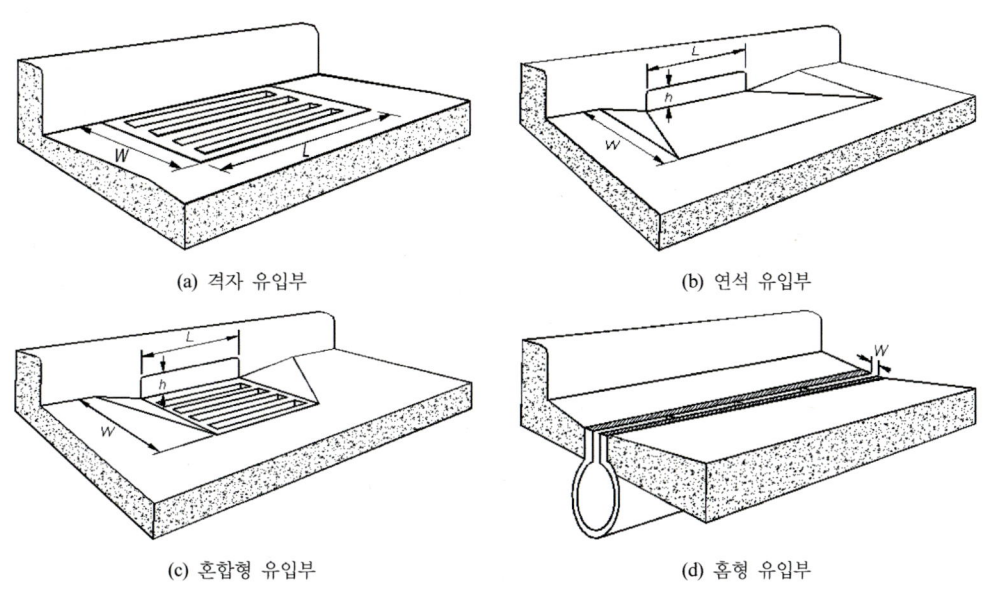

(a) 격자 유입부 　　　　　　　　　　　　　 (b) 연석 유입부

(c) 혼합형 유입부 　　　　　　　　　　　　 (d) 홈형 유입부

그림 4.12 빗물받이 유입구의 종류

(2) 침투통(침투집수정)

침투집수정은 관거의 기점, 방향, 경사 및 관경이 변하는 곳, 단차가 발생하는 곳, 관거가 회합하는 곳이나 관거의 유지관리상 필요한 장소에 한하여 설치한다.

침투통이라 함은 투수성을 가지는 통본체와 주변을 쇄석으로 충진으로 집수한 빗물을 측면 및 바닥에서 땅속으로 침투시키는 시설로서, 통 본체, 충진쇄석, 모래, 투수시트, 연결관(집수관, 배수관, 투수관 등), 부대시설(막힘방지시설) 등으로 구분되며(그림 4.13), 침투통 설치 시 고려할 사항은 다음과 같다.

① 침투통은 집수가 용이하도록 가능한 지형이 오목한 부분을 선정하여 설치한다.
② 법면에서 소단측구와 도수로가 교차하는 지점에 설치하는 침투통은 밀폐식 뚜껑을 사용하거나 집수정의 높이를 높게 시공하여 도수로에서 급경사로 유하하는 물이 넘치거나 비산되지 않도록 한다.

③ 모든 관로의 토피는 도로부의 경우, 관상단으로부터 1.2m 이상, 보도부의 경우는 1.0m 이상 확보되어야 한다.

④ 우수관로는 관내침전을 방지하기 위하여 설계홍수량에 대하여 최소 0.6m/sec~2.5m/sec의 유속을 유지해야 하며, 관로의 유속이 2.5m/sec를 초과할 경우에는 적절한 단차공을 설치하여 과도한 관벽 마찰이나 하류부에서 유수가 분출하는 현상을 방지하도록 한다.

⑤ 침투통은 연결관의 접합 및 유지관리, 수두의 확보를 고려하여 결정하며, 내경 또는 내부 치수는 300~500mm를 표준으로 하나, 협소한 장소에서는 150mm 정도를 최소로 한다.

⑥ 침투통의 설치 전 지하매설물조사 등 설치장소의 제약조건을 파악하는 것과 함께 주변의 지표면 상황이나 지형경사, 배수계통 등을 조사한다. 또한 침투시설로부터 월류수를 방류하는 대상이 공공하수도의 경우는 기존 관, 공공하수도의 높이와 깊이, 길이에 대하여 조사한다.

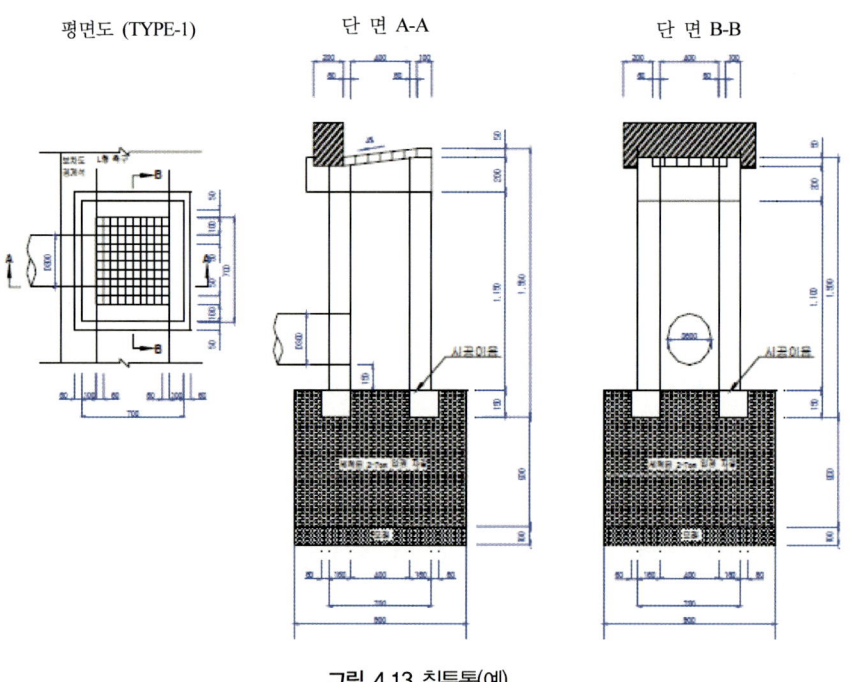

그림 4.13 침투통(예)

(3) 침투트렌치

침투트렌치는 굴착한 도랑에 쇄석을 충진하고 그 중심에 침투통과 연결되는 유공관을 설치하여 우수를 통하게 하며, 쇄석의 측면 및 저면으로부터 지중으로 침투시키는 시설로 필요한 곳에 한하여 설치하며, 관계자와 협의하여 설치할 수 있다.

침투트렌치는 굴착한 도랑에 쇄석을 충진하고 그 중심에 침투통과 연결되는 유공관을 설치하여 우수를 통하게 하며, 쇄석의 측면 및 저면으로부터 지중으로 침투시키는 시설로써, 쇄석 충진 공간에 유공 우수관을 매설하여 우수를 지중으로 침투시키는 개념이라 할 수 있으며, 침투 트렌치는 투수관, 충진쇄석, 모래, 투수시트, 관입구 필터로 구성되며, 설치 예는 그림 4.14와 같다.

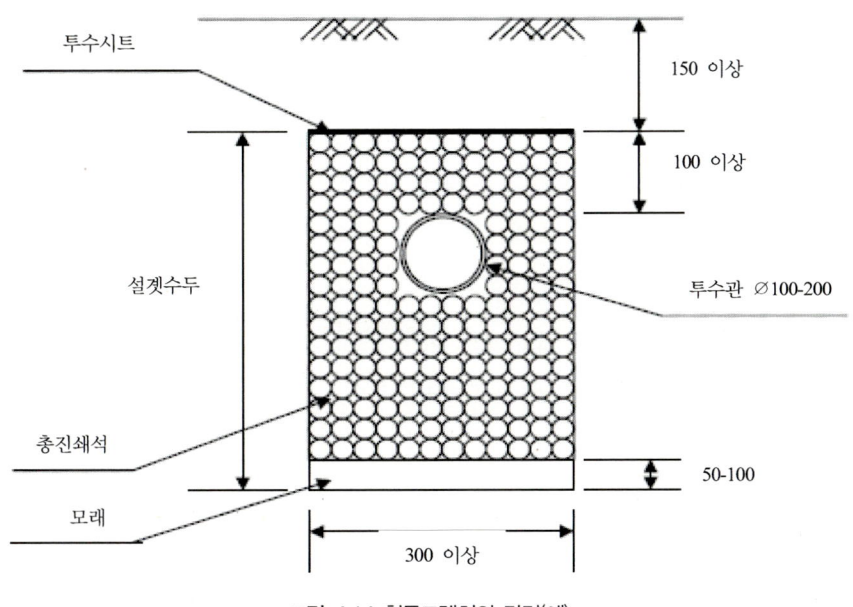

그림 4.14 침투트렌치의 단면(예)

침투트렌치 설치 시 고려할 사항은 다음과 같다.

① 침투트렌치의 최대 연장은 청소 등의 유지관리를 고려하여 관경의 120배 이하를 표준으로 한다.

② 종단경사는 투수관내로의 퇴적된 토사 등을 소통시킴과 동시에 막힘에 의해 침투능력이 저하되는 경우 통수기능을 보존하는 목적을 위해 필요하며, 투수관의 종단경사는 대체로 1~2% 정도로 하는 것을 표준으로 하며, 지형이나 규모에 따라 결정하는 경우도 있다.

③ 침투시설은 유효한 수두를 얻을 수 있는 구조로 하며, 침투통과 침투트렌치연결 시 침투통 유출부의 투수관은 다음 침투통 유입 측과 비교하여 높은 곳에서 연결하여야 한다.

④ 침투트렌치와 침투통의 충진쇄석은 연결되는 것을 원칙으로 한다. 단, 지형경사가 있는 경우에는 쇄석 공극 사이에서 생성되는 물의 유입에 의해 주변토사가 쓸려 내려가게 되어 지표면이 함몰되고 오염물질이 트렌치 내부로 유입될 수 있기 때문에 충진쇄석 부분이 연속되지 않도록 한다. 이 간격은 1m 정도를 표준으로 하며, 이를 통하여 침투트렌치 내부의 유효수두를 극대화할 수 있다.

⑤ 우수관로는 관내침전을 방지하기 위하여 설계홍수량에 대하여 최소 0.6m/sec~2.5m/sec의 유속을 유지해야 하며, 관로의 유속이 2.5m/sec를 초과할 경우에는 적절한 단차공을 설치하여 과도한 관벽 마찰이나 하류부에서 유수가 분출하는 현상을 방지하도록 한다.

⑥ 투수관은 원형 또는 계란형이 많으며 재질은 콘크리트 또는 염화비닐을 표준으로 한다.

⑦ 투수관의 유공경은 충진재의 입도를 고려하여 20mm 이하로 한다.

⑧ 모래의 두께는 50~100mm를 표준으로 한다.

⑨ 충진쇄석의 입도는 20~40mm의 사용을 표준으로 한다. 또한 건설폐자재의 유효한 활용을 위해서 재생쇄석(콘크리트 파쇄제 등)의 입경을 조정한 쇄석을 발주처와 협의하여 사용할 수 있다.

⑩ 충진쇄석의 폭은 600mm를 표준으로 하며 부지가 좁은 경우와 같이 제약이 있는 경우에는 300mm 정도를 최소 치수로 하며, 충진높이는 설계수두에 의해 결정하는 것으로 하며 500~1,000mm를 표준으로 한다.

⑪ 쇄석의 상부 토피는 지반으로부터 150mm 정도 이상을 확보한다.

(4) 침투측구

침투측구는 측구의 주변을 쇄석으로 충진하고 우수를 측면 및 저면으로부터 침투시키는 시설로 지형여건을 고려하여 설치할 수 있으며, 관계자와 협의하여 설치한다. 침투측구는 측구의 주변을 쇄석으로 충진하고 우수를 측면 및 저면으로부터 침투시키는 시설로써 침투측구를 설치함에 있어 고려할 사항은 다음과 같다.

① 침투측구는 설치장소에 따라 운전자나 보행자에 불안감과 교통사고의 위험요소가 되므로 시가지나 교통량이 많은 도로에서는 덮개를 반드시 설치하는 것을 원칙으로 한다. 특히 측구에 덮개를 덮어 보도로 사용할 때는 측구와 보도를 겸하므로 덮개의 파손에 유의해야 한다.

② I.C나 분리차선, 시가지 구간, 녹지대 및 부체도로에 지형여건을 감안하여 설치한다.

③ 유출량 및 측구의 경사에 따라 필요한 통수단면을 설정하여 침투측구의 규격을 결정한다.

④ 산마루에 위치하는 침투측구의 설치길이는 지형조건에 따라 결정한다. 만약 자연 경사면이 도로 비탈면과 반대방향이거나 도로의 종단방향과 같은 경우에는 산마루 측구를 설치하지 않아도 된다.

⑤ 횡단경사는 설계도에 별도의 명시가 없는 한, 도로 쪽에서 보차도 경계블록 쪽으로 2~4%의 편경사를 두어야 한다.

⑥ 종단경사는 경사지의 경우 도로의 종단경사와 동일하게 적용하며, 평지의 경우에는 두 빗물받이 사이의 중앙점에서 양쪽으로 0.25% 이상 경사를 두어 배수가 원활히 되도록 한다.

4.6 지하 배수시설

4.6.1 일반사항

지하배수는 지하수위가 높아져 노상, 노체 등에 침투수로 인한 지지력 약화, 포장 파손 등을 방지하기 위하여 설치하며, 지하수위를 낮추어 침투수를 배제하기 위해 설치한다. 지하 배수시설은 (1) 종방향배수, (2) 횡단 및 평면배수, (3) 배수층에 의한 배수로 구분한다.

지하 배수시설은 노면수의 지하수위를 저하시켜 포장체의 지지력을 확보하고, 도로에 근접하는 비탈면, 옹벽 등의 손상을 방지하기 위해 설치한다.

도로의 지하 배수시설은 일반적으로 ① 처리 목적에 따른 지하수원, ② 처리기능, ③ 처리시설의 위치와 형식에 따라 분류하지만 본 장에서는 처리시설의 위치와 형식에 따라 분류하였다.

지하 배수시설은 ① 불투수층 상부에서 침투수의 차단, ② 지하수위 억제, ③ 다른 배수 시설로부터 유입되는 유수 집수의 기능을 수행하는 데 설치되는 배수시설들이 종합적으로 역할을 수행할 때 그 기능이 발휘될 수 있다.

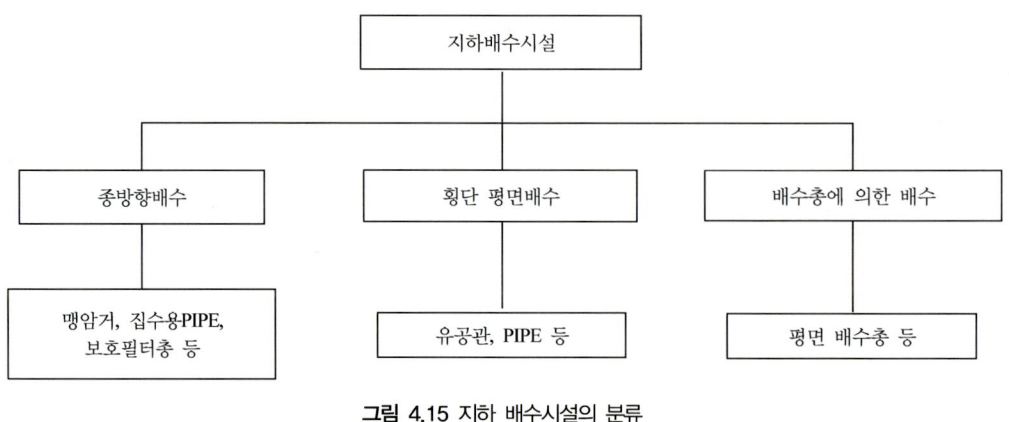

그림 4.15 지하 배수시설의 분류

4.6.2 설계 및 해석에 필요한 자료

지하배수 설계와 해석을 위해서는 ① 유수영역의 지형적 특성, ② 재료의 특성, ③ 기상자료, ④ 기타 참고사항들을 고려한다.

가. 유수영역의 지형특성

유수발생지역의 자료에는 도로설계 자료와 도로하부의 지형조건이 포함되며 가장 기본적인 설계자료가 된다.

(1) 도로설계 자료

도로설계 자료는 ① 종단경사, ② 횡단경사(편경사), ③ 포장·길어깨폭 및 기층 보조기층·동상방지층 자료, ④ 땅깎기·흙쌓기 높이, ⑤ 땅깎기·흙쌓기 비탈면 경사, ⑥ 측구 및 노면 배수와 관련된 사항들은 지하수의 유선장과 유로방향, 유량 등을 판단하는 기초자료가 되며, 도로하부의 지형조건을 파악하면 유사지역의 사례로부터 지하배수처리 여부를 예측할 수 있다.

(2) 지반구조

물의 흐름 발생지역의 환경과 한계, 즉 지하 배수영역에 대한 자료가 되며 지질조사 및 분석을 통해 ① 토층과 불투수층, ② 지하수위상태, ③ 투수계수 등을 파악한다.

현재의 지하배수상태를 파악하는 데는 우기중 또는 우기 직후의 현장조사가 매우 효과적이며, 건기에 알 수 없는 용출, 간헐적인 침투에 대한 자료를 수집할 수 있다. 또한 해당 지역의 식물생장 환경으로부터 토사와 지하수에 대한 자료를 얻을 수 있는데, 높은 지하수위가 필요한 수목이나 식물이 있는 경우 잠재된 지하수위의 판단근거가 된다.

나. 재료의 특성

(1) 재료의 분류상 특성

지하배수에 영향을 미치는 재료의 특성으로는 ① 입자의 크기, ② 소성특성(Atterberg한계), ③ 토사분류(구분) 등이며, 유수 영역 내의 자연토와 사용재료(포장재, 배수용 필터 등)에 대한 입도분석을 수행하여 자료를 수집한다. 입도분포분석으로부터 세립토사의 유실 또는 파이핑 방지용 보호필터층 필요조건을 예측할 수 있으며, 입도분포에 따른 소성한계로부터 흙의 거동특성과 흙의 분류가 가능하고, 일반적으로 흙의 투수성, 모세관현상, 동결 등은 흙의 특성과 일정하므로 통일분류법(Unified Soil Classification)으로 토사를 분류하고 자료를 축적한다.

(2) 수리학적 특성

재료 및 원지반의 수리학적 특성은 지하배수량과 배수시설을 결정할 기초자료로써 특성을 나타내는 대표적인 인자는 ① 투수계수: k, ② 유효간극율: n, ③ 재료의 동결에 대한 민감성 등이다. 투수계수에 영향을 미치는 재료특성은 ① 입도분포, ② 간극(건조밀도, 간극비, 간극율), ③ 토사의 광물학적 구성, ④ 투수성, ⑤ 포화도 등이며, 특히 모세관현상과 배수한계용량(Yield Capacity)이 투수성을 좌우하게 된다.

투수계수를 측정하는 가장 적합한 방법은 현장투수시험이나 현장투수시험이 어려운 경우, 실내시험을 이용하여 투수계수를 측정한다. 토사 입경에 따라 입자크기가 작은 토사는 투수계수가 작으며 입도가 좋은 토사는 균일한 토사보다 투수계수가 작다. 밀도의 경우에 건조밀도가 높을수록 투수계수가 높게 나타난다.

다. 기상자료

(1) 강우

강우량이 많은 지역에서 지하수로 인해 문제들이 종종 발생하는데, 지하수위의 변동은 강우량과 상관관계를 가지는데, 포장체 속으로 침투하는 침투량은 강우강도나 강우빈도보다 강우지속시간에 큰 영향을 받고 포장체의 균열과 직접적인 관계가 있다.

(2) 동결심도

동상에 의한 포장파손을 막기 위해 설치한 차단 배수층 설계의 중요인자로서 동결심도는 매우 중요하며, 관련자료를 참조하여 동결심도를 구한다.

4.6.3 지하배수의 수리

지하배수 설계 시 배수관의 단위길이당 배수량은 다음과 같이 계산한다.

가. 불투수층의 경사가 큰 경우

배수관의 단위길이당 배수량은 식 4.4로 구한다(그림 4.16 참조).

$$q = k \cdot i \cdot H_0 \qquad\qquad \text{식 4.4}$$

여기서, q: 단위길이당 배수량($\text{cm}^2/\text{sec/m}$)

i: 불투수층 경사

k: 투수계수(cm/sec)

H_0: 배수관 매설위치부근의 지하수위 저하량(cm)

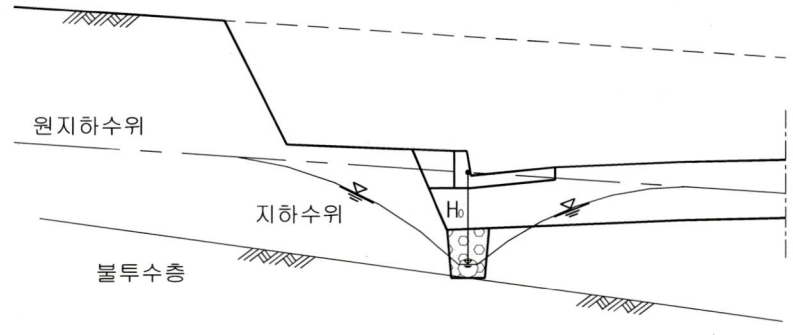

그림 4.16 불투수층의 경사가 큰 경우

나. 불투수층의 경사가 완만한 경우

배수관의 단위길이당 배수량은 식 4.5에 의해 구한다(그림 4.17 참조).

$$q = \frac{k(H_0 - h_0^2)}{2R}$$

식 4.5

여기서, H: 배수전 지하수위(cm)

h_0: 배수관 매설위치 지하수(cm)

R: 배수에 의해 지하수가 영향을 받는 수평거리(cm)

이때 R은 일반적으로 투수계수, 수위저하량, 투수층의 두께와 넓이 등의 지역적인 조건의 영향을 받는다는 점에서 일정치가 되지 않지만 근사적으로 표 4.3의 값을 이용하여 개략적인 계산을 할 수 있다.

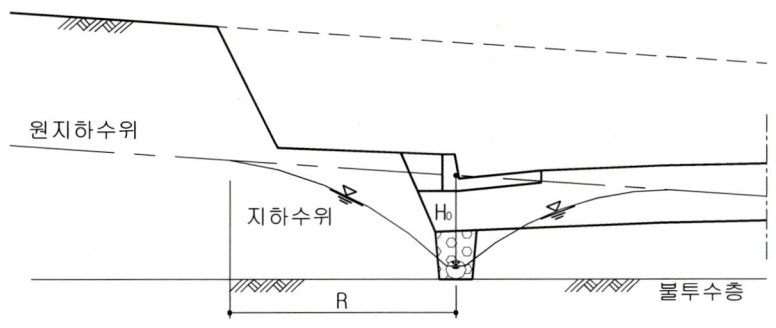

그림 4.17 불투수층 경사가 완만한 경우

표 4.3 배수에 의해 지하수가 영향을 받는 수평거리 R치

흙의 종류	영향수평거리
세립모래	25~500m
중간 정도의 입자를 가진 모래	100~500m
조립모래	500~1000m

다. 불투수층이 깊은 경우

그림 4.18과 같이 불투수층이 깊은 경우는 배수관의 단위길이당 배수량 산정식은 다음과 같다.

$$q = \frac{\pi \cdot k \cdot H_0}{2\ln\left[\frac{2R}{r}\right]} = \frac{\pi \cdot k \cdot H_0}{4.6\log\left[\frac{2R}{r}\right]} \qquad \text{식 4.6}$$

여기서, r: 배수구 폭의 반(cm)

q: 단위길이당 배수량(cm³/sec/m)

k: 투수계수(cm/sec)

H_0: 배수관 매설위치부근의 지하수위 저하량(cm)

R: 배수에 의해 지하수가 영향을 받는 수평거리(cm)

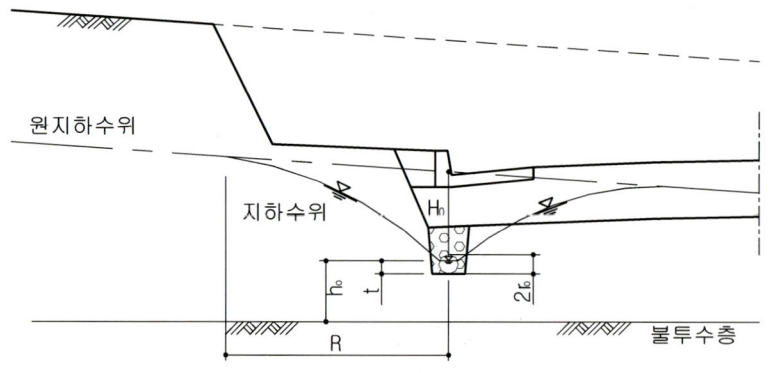

그림 4.18 불투수층이 깊은 경우

라. 피압지하수에 의한 침투류가 있는 경우

그림 4.19에서와 같이 심부에서 침투류를 배수시킬 경우에는 지반을 포함한 도로의 단면도에 유선망을 그리고 다음 식 4.7에 의해 배수량을 구한다.

$$Q = k \cdot H_0 \left[\frac{N_f}{N_p} \right]$$

식 4.7

여기서, Q : 단위 길이당 전배수량(cm^3/sec/cm)

H_0: 전수두(cm)

N_f: 유선에 둘러싸인 유로의 수

N_p: 등포텐셜선에 둘러싸인 대상부 수

또한 그림 4.19에 있듯이 도로의 양측에 2개의 배수구를 설치할 경우에는 배수관 1개의 단위길이당 배수량은 식 4.7에서 구한 Q를 $q = \frac{1}{2} \cdot Q$로 한다.

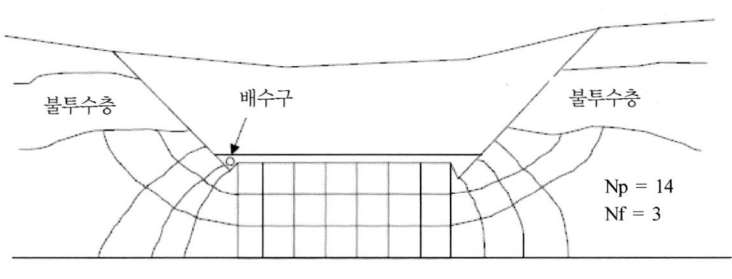

그림 4.19 유선망의 예

마. 노반의 배수도 산정

노반에 대한 배수능력 계산은 완전하게 물로 포화된 노반에서 물의 유출을 계산하게 된다. 우선 배수과정의 초기단계는 노반 전체가 물로 포화되고 있고 배수가 진행됨에 따라 노반 내의 자유수면이 저하해한다. 이때의 수면 형태를 항상 배수구 부근에서 수두를 0으로 한 직선으로 가정하는데, 한번 완전하게 포화된 노반의 배수도(U)는 아래 식 4.8로 가정하고 보통의 경우에는 10일 이내에 U가 50%가 되면 좋고, 50% 배수에 필요한 시간 t_{50}(일)은 식 4.9에 의해 주어진다.

$$U = \frac{배수된단면적}{노반의단면적} \times 100 (\%)$$

식 4.8

$$t_{50} = \frac{n_e \cdot L^2}{172,800 \times k(H + L \cdot \tan\alpha)}$$

식 4.9

여기서, n_e: 노반의 유효간극률

L: 노반의 양측에 설치된 배수구의 간격 1/2(㎝)

H: 노반두께(㎝)

k: 노반의 투수계수(㎝/sec)

α: 노반의 경사각(도)

4.6.4 지하 배수시설의 종류

가. 종방향 배수시설

종방향 배수시설은 노선을 따라 종단방향으로 설치되는 맹암거 및 집수용 파이프, 보호필터층을 포함한다.

종방향 배수시설은 도로중심선과 평행하게 종단방향으로 설치되는 배수시설로 적당한 깊이나 규격으로 설치하여 지하수위 상승 억제, 지하수 유입차단, 포장층 내 침투수 배제 등의 기능을 수행한다.

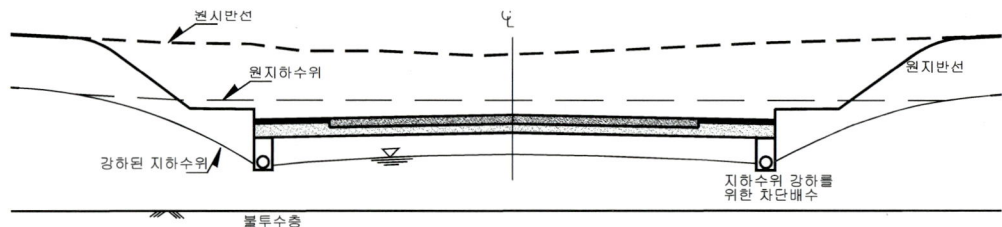

그림 4.20 종방향 차단 배수

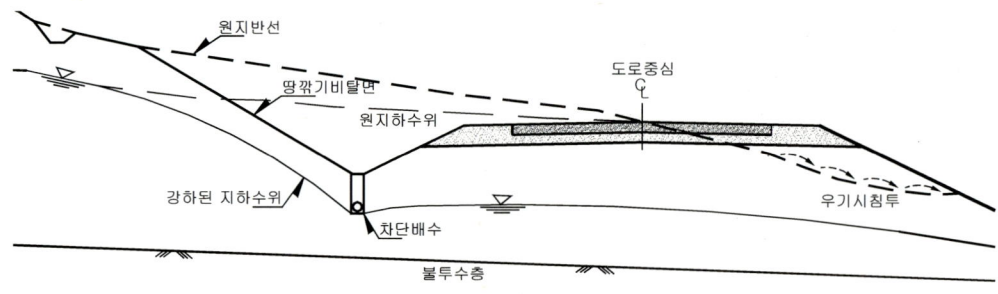

그림 4.21 지하수 강하를 위한 대칭형 종방향 배수

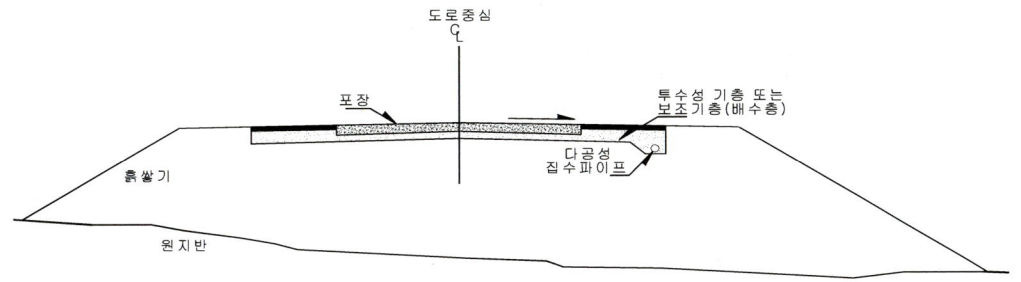

그림 4.22 포장층 내 침투수 배제를 위한 종방향 배수

그림 4.20~그림 4.22의 지하 배수시설들은 일반적인 경우에 대한 것으로 필요한 위치에 추가 또는 재배치할 수 있으며, 과거 시행착오로 얻은 경험과 수리계산을 통해 설계자의 판단으로 결정할 수 있다.

나. 횡방향 및 평면 배수

횡방향 및 평면배수를 위해 포장층 내 또는 포장층과 접하여 하부에 설치하는 횡방향 지하 배수시설과 깎기부·쌓기부 비탈면에 지하수 용출을 차단하기 위해 수평으로 구멍을 뚫어 설치하는 평면 배수시설을 사용한다.

횡방향 배수시설은 도로중심선과 직각 또는 경사방향으로 설치하는데 종방향 배수시설과 조합하여 지하 배수망을 형성하는 것이 보통이며, 이러한 조합방식은 포장체에서 침투수를 신속히 제거하는데 효과적이다.

일반적으로 지하수 흐름방향이 도로 선형 방향으로 발생하는 경우가(도로가 기존 등고선과 수직방향으로 절토되는 경우) 있으며, 이런 경우에는 횡방향 배수가 지하수를 차단하고, 지하수위를 낮추는데 종방향 배수보다 더 효과적인 기능을 발휘한다.

계절적으로 동결에 의한 영향을 받는 지역에 횡단 배수시설이 설치되지 않은 경우 동상(Frost Heaving)이 발생하는 사례가 종종 있다. 동결심도가 깊은 지역의 광폭도로에는 동상방지층 이외에 유공관을 포함한 횡단 배수시설을 설치하면 포장내구성증대에 효과적이다. 평면배수는 지하수 용출을 차단하거나 간극수압을 감소시키기 위해 땅깎기 비탈면이나 흙쌓기 비탈면에 수평으로 구멍을 뚫어 설치한 파이프로 이루어지며, 외부로 노출된 배수 파이프로 유출되는 유수는 측구를 통해 배수된다. 유량이 많은 경우에는 비탈면에 소단 설치, 집수 시설 및 도수 시설을 설치하여 측구로 배수하면 된다.

다. 배수층

배수층은 지하수와 침투수 처리를 위해 포장체, 땅깎기 비탈면, 흙쌓기부 원지반 등에 층상으로 설치되는 배수시설이다.

배수층(Drainage Blanket)은 흙쌓기지역 하부 및 땅깎기부의 지하수 처리에 매우 효과적이며, 땅깎기부에 설치되는 배수층은 종방향 배수로와 연결하여 지하배수는 물론 활동에 저항하여 비탈면 안정에 기여한다. 또한 흙쌓기부에 설치되는 배수층은 우기 시 원지반의 활동을 방지하며 경사면의 간극수압을 감소시켜 흙쌓기 비탈면 안정에 기여한다.

4.6.5 지하배수의 설계

가. 지하배수구의 기능

지하배수구(맹암거)는 종방향 및 횡방향 배수시설은 물론 평면배수, 배수층 배수에서 집수 및 배수의 기능을 갖는 지하 배수시설이다.

지하배수구는 지하수를 집수하여 외부로 배출하는 데 이용되며 ① 종방향 및 횡방향 집수 위치와 깊이, ② 유공관의 규격과 경사, ③ 토사유출 방지 필터, ④ 배수구 자체의 규격과 재료 등을 고려하여 설치한다.

나. 지하배수구의 깊이

배수관의 최소 설치 깊이는 노상의 불량 부분에 대한 치환두께와 노상면에서 지하수위를 고려한 계산치 중에서 큰 값으로 하되, 이 깊이가 60㎝ 이하일 경우는 60㎝로 하며, 설치 깊이보다도 얕은 위치에 불투수층이 있을 때에는 현장조건에 고려하여 조정한다. 또한 노면이 심하게 한쪽으로 기울었거나 지하수면이 경사져 있을 때에도 현장 조건을 고려하여 깊이를 정한다.

지하배수관의 최소 매설깊이 산정식은 다음과 같다.

$$H = \frac{(S_w - S)B}{200} + h + D_w + h_p \qquad \text{식 4.10}$$

여기서, H: 배수관의 최소 매설깊이(m)

S_w: 지하수면의 최소경사도

S: 노면의 경사(%)

h: 배수관 부근의 지하수위

B: 배수관의 간격(m)

D_w : 노상에서 지하수위까지의 깊이, 원칙적으로 0.6m로 한다.

h_p : 노면과 노상과의 높이 차이(m)

표 4.4 지하수면의 최소경사 및 수위

흙의 종류	최소 경사도 Sw(%)	지하수위 h(m)
모래	1	0.05
사질토	2	0.10
점성토	3	0.15

식 4.10은 토질의 조건이 일정하고 지하수위가 전면에 걸쳐 높을 때 적용된다. 표 4.4의 값은 임의의 지역에서 실제 측정한 값으로 타지역의 현장조건과 상이할 수 있으므로 해당지역에서 조사한 자료를 활용하는 것이 바람직하다. 단 조사자료가 없을 경우에는 시공 중에 수위측정을 통해 보완할 수 있도록 시방서 등에 명시한다.

지하수량이 많거나 지하수위가 높을 때의 지하배수구의 배치는 격자형 배치, 화살날개 모양 배치, 필터 등을 병용해야 한다. 도로의 횡방향으로 설치하는 맹암거는 유공관을 두지 않는 것으로 하며, 도로 중심선과 60°의 각도로 설치하는 것을 표준으로 하고 도로의 종단경사가 완만한 경우 직각으로 설치한다. 격자형 맹암거의 상호간격은 점토질지반의 경우 9m, 사질토 지반의 경우 30m까지 배치할 수 있다.

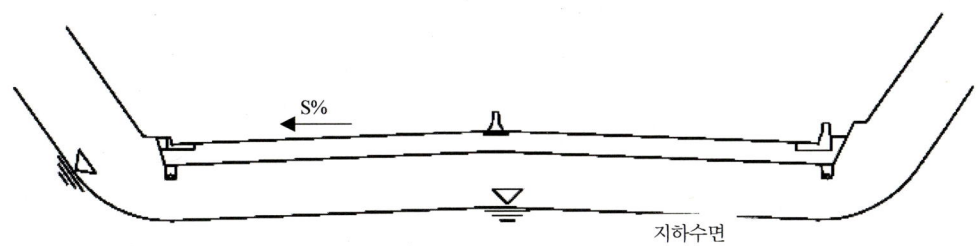

그림 4.23 지하배수구의 깊이 산정(예)

다. 지하배수구의 구조

지하배수구는 투수계수가 높은 필터재로 구성된 구조를 원칙으로 하며 필요에 따라 유공배수관(동일기능의 타재료 사용 가능)을 설치한다.

(1) 지하배수구는 유공배수관과 필터재로 구성된 구조를 원칙으로 하지만, 배수량이 적을 때에는 필터재만 사용가능하다. 배수관 단면의 결정은 지하배수관의 소요 통수 단면에 의한다. 지하배수관의 소요통수단면 A의 산정식은 식 4.11과 같다.

$$A = \frac{Q}{V} = \frac{F_s \cdot q \cdot L}{V}$$ 식 4.11

여기서, Q: 통수유량(m^3/sec)

q: 배수관 1m 당의 배수량(m^3/sec)

L: 유공배수관의 길이(m)

V: 유공관 내의 평균 유속(m/sec)

F_s: 안전율, 보통 3으로 한다.

(2) 맹암거의 설치 위치

· 땅깎기부의 길어깨

· 편절, 편성 및 절성 경계부

· 용수다발지역

· 기타 필요한 곳

(3) 땅깎기부 비탈면에 설치하는 맹암거는 비탈면에 용수가 있을 때 설치하며 부직포를 사용하지 않는 맹암거로 한다.

(4) 도로 횡방향으로 설치하는 맹암거는 유공관을 두지 않는 것으로 하며, 도로 중심선과 60°의 각도로 설치한다.

(5) 도로 종방향의 맹암거는 유공관을 두는 것을 원칙으로 하고, 암반구간(리핑암과 발파암)에는 부직포를 두지 않는다.

(6) 맹암거에 매설되는 유공관의 내경은 20cm를 표준으로 하며 유공관 구멍의 직경은 1.2~2.0cm를 표준으로 한다.

(7) 유공관의 경사는 0.5% 이상이 바람직하나 최소 0.2% 이상으로 한다.

(8) 맹암거의 형식 및 적용기준은 다음 표 4.5와 같고, 형식별 맹암거 상세도는 그림 4.24와 같다.

표 4.5 맹암거 형식 및 적용기준

구분	적용기준	유공관 사용여부	부직포 사용여부	비고
형식-1	땅깎기부 L형측구 아래에 설치(토사 구간)	○	○	
형식-2	땅깎기부 L형측구 아래에 설치(리핑암, 발파암 구간)	○	×	
형식-3	・편절, 편성 구간 및 절・성경계 구간에 설치(토사 구간) ・땅깎기부 비탈면 통수부에 설치(토사 구간)	×	○	중분대 쪽 맹암거 유출부는 도로 중심선과 60°각도로 100m마다 설치하며, 곡선 구간은 40m마다 설치
형식-4	형식-3과 동일 (리핑암, 발파암 구간)	×	×	
형식-5	지하수 유출 및 용수 다발지역에 설치	다발 판넬 사용	×	

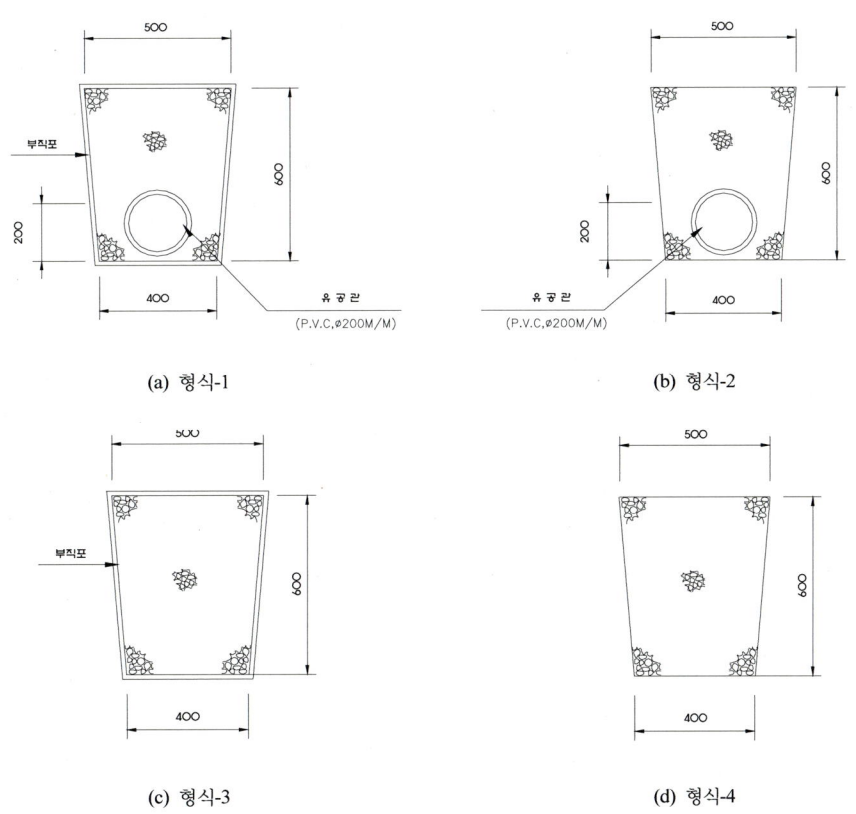

(a) 형식-1   (b) 형식-2

(c) 형식-3   (d) 형식-4

그림 4.24 형식별 맹암거 상세도

라. 길어깨의 지하배수구

지하배수구에 의한 배수는 노상 및 노반을 대상으로 한다. 지하수가 높은 지역에 시공하며 지중 배수에 매우 유효하다.

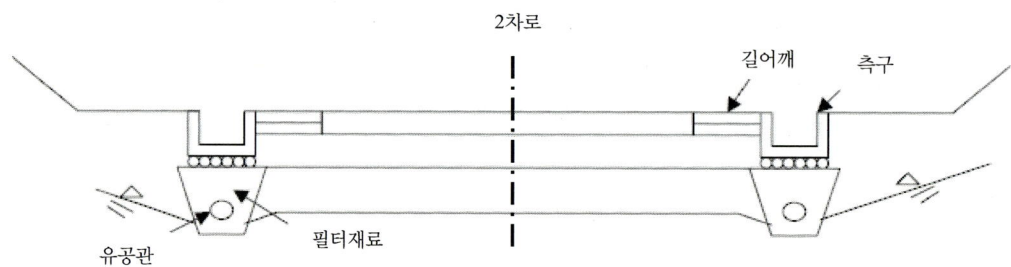

그림 4.25 양측의 길어깨에 설치된 지하배수구

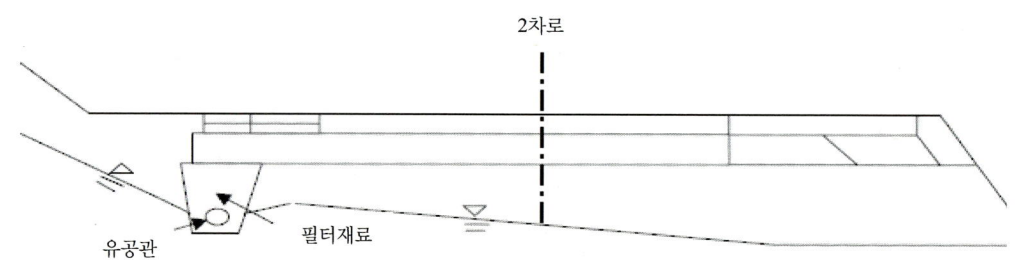

그림 4.26 편측에 설치된 지하배수구

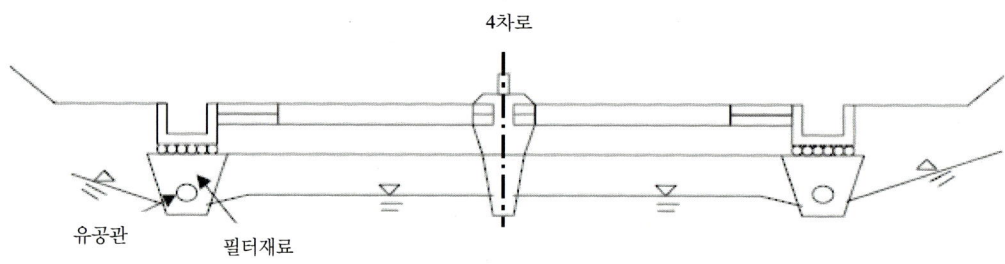

그림 4.27 중앙분리대가 있는 경우의 지하배수구

지하수면이 거의 일정한 곳은 그림 4.25와 같이 길어깨의 지하배수를 도로 양측에 설치한다. 그러나 지하수가 한쪽에서만 유출되는 곳은 그림 4.26과 같이 비탈면 측에만 설치하는 경우도 있으며, 도로의 노폭이 큰 경우는 그림 4.27과 같이 중앙의 분리대에 지하배수구를 설치한다. 지하수가 많은 지역은 지하배수구만으로 배수능력이 부족할 수 있으므로 노상과 노반의 경계, 또는 노상과 노체 내에 수평 차단배수층을 설치하여 침투류를 지하배수구로 유도한다. 지하배수구의 깊이는 1.0~2.0m 정도이지만 지형, 토질, 지하수위 등을 고려하여 지하배수구의 깊이를 조정한다.

지하배수구의 저부에는 집수관을 설치하는 것을 원칙으로 한다. 집수관 종류에는 유공 콘크리트관이 이용되고 있는 경우가 많지만 콘크리트제 투수관 및 합성수지 등으로 만들어진 투수관, 유공관 등을 다양하게 이용할 수 있다. 지하배수구에 매설된 집수관은 내경 15~30㎝를 표준으로 한다. 내경 10㎝ 이하의 관은 토사침전 등이 발생할 수 있으므로 사용하지 않는 편이 좋다. 또한 유공관의 주위에 토목섬유를 사용하는 것도 관내에의 토사 유입을 방지하는 데 효과적이다. 투수관(콘크리트제품 및 합성수지제품)은 양질의 필터재로 보호해야 한다.

지하배수구 안에 집수관을 매설하는 대신에 조석 등을 설치하는 경우도 있지만 배수능력이 작으며, 세립토로 인해 배수기능이 저하하기 쉬우므로 불가피한 경우 외에는 사용을 피해야 한다. 지하배수구의 되메우기 재료는 투수성이 좋고 양측 흙의 세립분 유입을 방지할 수 있는 필터재료를 이용한다. 지하배수구를 시공한 위치에서 되메우기에 충분히 주의하지 않으면 장래에 침하와 변형을 일으키기 쉽다. 지하배수구의 위치가 측구 하부이거나 노면이 포장되어 있는 경우에는 표면을 일단 불투수성으로 볼 수 있지만, 길어깨 등에 닿을 때는 지표수가 직접 지하배수구의 필터부에 침투할 우려가 있으므로 표면의 30㎝ 정도를 투수성이 낮은 흙으로 덮고 다짐한다.

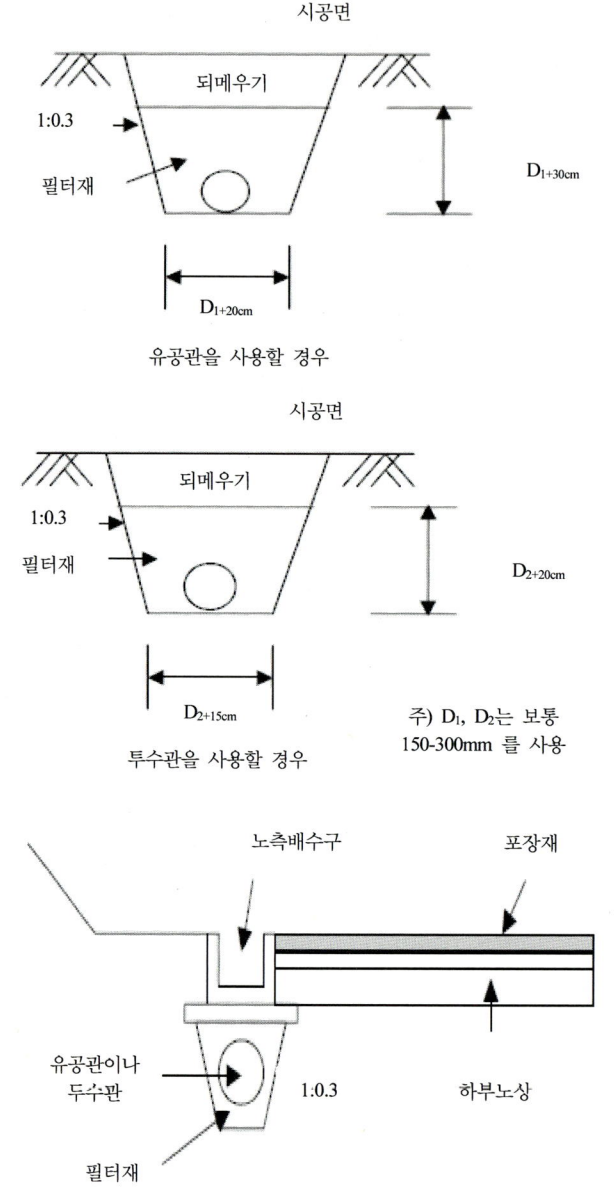

시공면

되메우기

1:0.3

필터재

D_{1+30cm}

D_{1+20cm}

유공관을 사용할 경우

시공면

되메우기

1:0.3

필터재

D_{2+20cm}

D_{2+15cm}

주) D_1, D_2는 보통
150-300mm 를 사용

투수관을 사용할 경우

노측배수구

포장재

유공관이나
투수판

1:0.3

하부노상

필터재

그림 4.28 지하배수구의 설치(예: 국도건설공사 설계실무요령, 건설교통부)

마. 횡단지하배수구

횡단지하배수구는 도로 직각인 방향으로 설치하는 것을 원칙으로 한다.

지하수위가 높은 대지를 깎으면 땅깎기면에서 침투수가 유출되고 접해 있는 흙쌓기부로 물이 유입하는 경우가 있으므로 이와 같은 경우에는 그림 4.29와 같이 횡단지하배수구를 설치한다. 또한 노상부에서 침입해 오는 물을 제거하기 위해 차단배수층과 병용하면 효과가 클 수 있다.

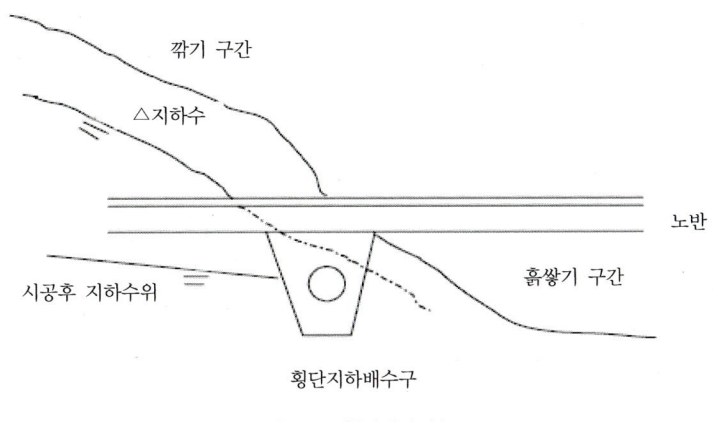

그림 4.29 횡단지하배수구

횡단지하배수구는 도로에 직각인 방향으로 설치하는 경우도 있지만 도로에 종단경사가 있을 때에는 그림 4.30 사례와 같이 경사로 하는 편이 좋다. 횡단지하배수구는 집수관을 매설하는 것이 보통이지만 집수관을 이용하지 않고 직접 모래 등을 채우는 경우도 있다. 횡단지하배수구는 노면측의 지하배수구로 연결된다.

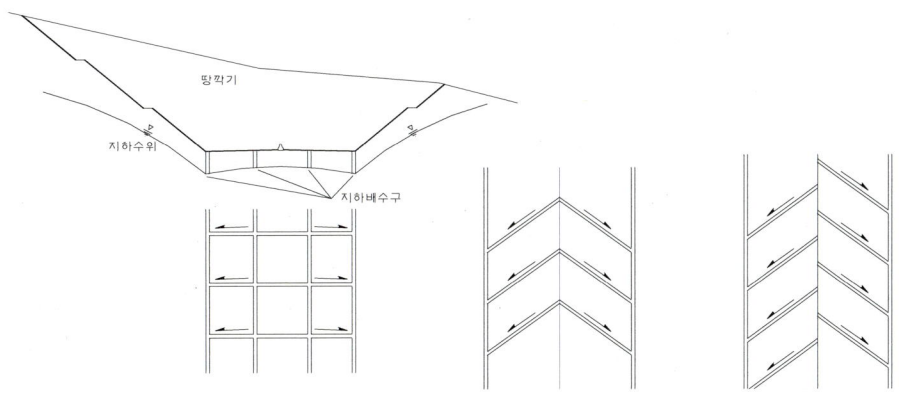

그림 4.30 횡단지하배수구의 설치방향과 단면 사례

바. 차단배수층

차단배수층은 투수성이 높은 자갈, 쇄석 등을 사용하며 그 두께는 30cm 이상으로 한다. 노반의 배수성이 충분하지 않고 노상이 불투수성이거나 지하수위가 높아 침투수가 많은 경우에는 차단배수층을 시공한다.

일반적으로 노반은 투수성이 좋다고 생각하지만, 사용하는 재료에 따라서 투수계수가 낮고 배수가 나쁜 경우도 적지 않다. 이와 같은 경우, 노반 밑에 투수성이 높은 거친 자갈, 쇄석 등을 차단배수층으로서 설치하며, 그 두께는 30㎝ 이상으로 한다.

그리고 차단배수층으로 배수시킬 때 유량이 많을 경우에는 그림 4.31과 같이 배수층내에 집수관을 배치할 수 있다. 또 침투류가 있는 경우에는 배수층의 배수능력을 검토하고 차단배수층은 충분한 두께를 갖도록 해야 한다.

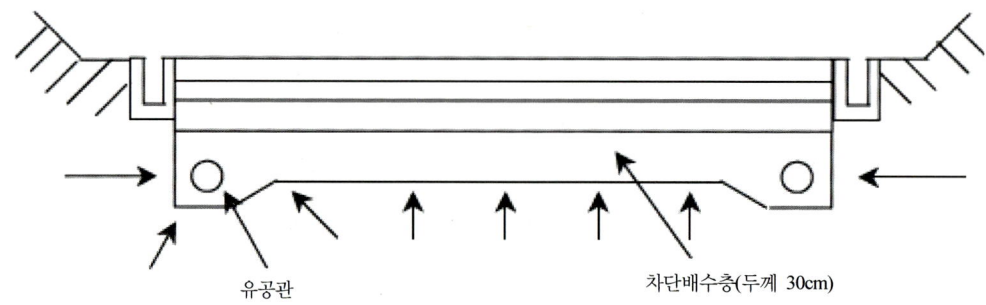

유공관　　　　　　　　　　차단배수층(두께 30cm)

그림 4.31 배수층 내에 매설된 집수관

사. 토목섬유를 사용한 포장배수

토목섬유를 사용한 포장배수는 포장체에 인접해 설치된 하나의 층, 또는 몇 개 층의 입상 배수층과 치환된 토목섬유를 지닌 재래식 암거 배수보이다.

포장체는 균열, 소성변형, 줄눈 등의 요인으로 침투수를 함유하게 된다. 포장체의 배수에 효과적인 설계방법으로 가장 간단한 형식은 그림 4.32와 같다.

토목섬유를 이용한 포장배수는 주변 지역의 정상적인 지하수위를 낮추기 위해서 사용할 수도 있고, 보조기층과 노상층 가운데서 표면침투수를 배수할 목적으로 설치하는 것도 있다. 표면침투수를 배수 목적으로 설치한 것은 양호한 입도로 조정한 보조기층재와 노상골재가 사용되기 때문에, 암거배수로 통수량은 상당히 적다.

지하수위가 포장체 부근에 존재하지 않고 노상이 소성한계 이하의 자연함수비를 가진 팽창성 점토일 때에는, 유입량이 적기 때문에 집수관 파이프를 생략하면 배수로 가운데로 물이 흘러서 고이게 된다. 큰 투수성을 가진 강성 콘크리트 포장구조에서 토목섬유는 투수성 구조물의 밑에 존재하는 노상 위에 설치한다. 이 토목섬유는 그림 4.32와 같이 토목섬유 위의 재료와 혼합되는 것을 방지하고 본질적으로는 분리재로서의 역할을 한다. 토목섬유는 포장 단면의 한쪽 또는 양측에 설치된 암거배수로에 연결된다.

한 층 이상의 하부 포장구조를 가지는 가소성 포장 또는 다른 시스템이 사용될 때에 토목섬유는 기층과 보조기층 사이에 위치하는데, 이는 그림 4.32와 같이 미세한 입자의 보조기층재와 보조기층재보다 큰 투수성을 가진 기층재의 혼합을 방지하기 위함이다. 토목섬유는 인접한 지하 배수로에서 하천 라이닝(lining)용으로 사용하는 토목섬유에 연결한다.

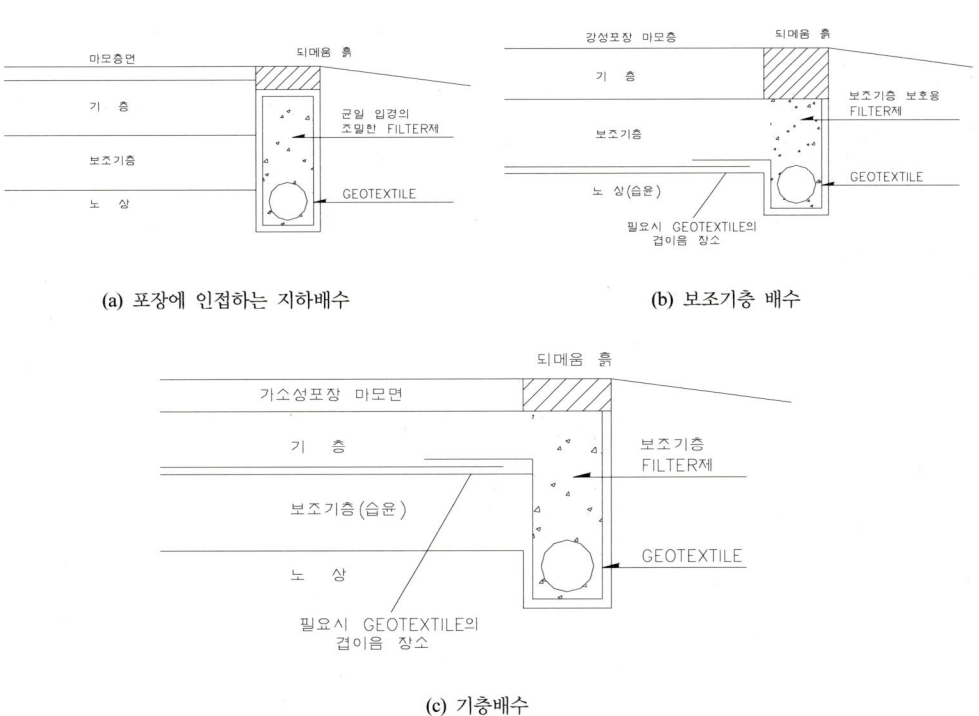

(a) 포장에 인접하는 지하배수

(b) 보조기층 배수

(c) 기층배수

그림 4.32 포장구조물에 보강용 토목섬유의 각종 사용방법

아. 중앙분리대 지하 배수시설의 설계

중앙분리대 지하배수구는 분리대 내에 침투한 빗물을 배수하기 위해 분리대 바닥에 차량의 진행방향으로 설치한다.

(1) 중앙분리대의 표면이 콘크리트, 아스팔트 등의 불투수성의 재료로 피복되어 있어도 도로의 노후, 피복의 균열, 줄눈 등에 의해 침투수가 발생하므로 지하배수구의 설치는 필요하다. 그러나 노상재료가 투수성이 양호한 재료(예를 들면 강모래, 터널에서 파낸 흙)로 구성되어 있어서 분리대의 빗물 침입을 허용해도 지장이 없을 때에는 지하배수구를 설치하지 않을 수 있다.

(2) 중앙분리대 지하배수구는 중앙분리대에 내린 빗물이 땅속으로 스며든 것을 배제할 목적으로 설치한다. 그러나 깎기구간에서 지하수위가 높은 곳은 지하수의 배수를 겸하게 할 수도 있으므로 유공관을 사용한다.

(3) 중앙분리대 지하배수구의 설치 위치는 그림 4.33과 같으며, 지하배수구의 윗부분을 상부 노상면에 맞추어야 한다.

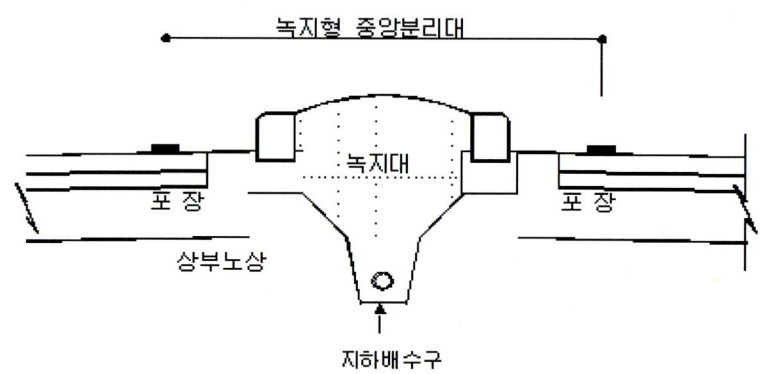

그림 4.33 중앙분리대의 지하배수구

(4) 중앙분리대에는 전기통신시설 등의 관이 매설되어 있으므로 주의하여야 한다.

(5) 중앙분리대의 양쪽 높이가 다를 경우에는 그림 4.34에 나타낸 것과 같이 낮은 쪽의 상부 노상면에 중앙분리대 지하배수구의 상부를 맞춘다.

(6) 횡단 지하배수관을 길어깨 집수정에 연결할 때에는 집수정에 들어간 물이 횡단 지하배수관에 역류하지 않도록 한다. 대규모 땅깎기부에서 역류할 수 있으므로 유공관을 설치할 수 있다.

(7) 분리대 지하배수구의 구조는 인터체인지, 휴게시설, 간이휴게소 및 버스정류장의 배수구 등에서 흘러 들어온 빗물이 인접 포장체에 침입할 경우에는 중앙분리대와 같이 지하배수구를 설치한다. 이때 설치구조는 중앙분리대에 준하며 구역의 크기,

모양을 고려해서 효과적인 위치, 구조를 선정한다.

(8) 중앙분리대 지하배수구의 재료는 깎기부 지하배수구와 동일한 재료로 한다.

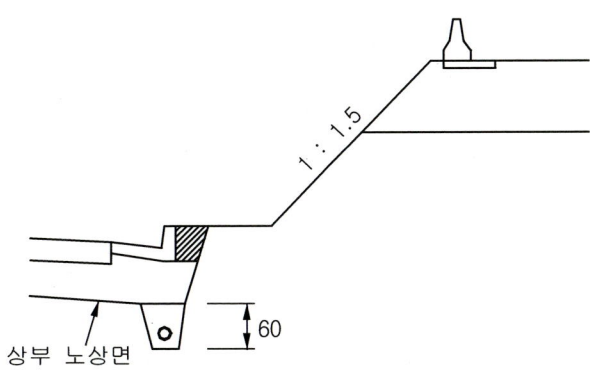

그림 4.34 중앙분리대 양쪽 높이가 다를 경우

4.6.6 지하배수 기타사항

가. 필터재료의 선정

배수구 내에 집수관을 설치하여 되메우기 하는 경우, 또는 노상에 차단배수층을 설치하는 경우에는 그 기능을 지속시키기 위한 양호한 재료를 사용해야 한다. 이 필터 재료에는 투수성이 크고 입도배합이 좋은 천연의 자갈, 혹은 입도조정을 한 자갈, 쇄석, 폐콘크리트 등을 이용한다. 배수구 내 집수관 설치를 위한 재료의 조건은 다음과 같다.

(1) 필터재료는 다음의 조건을 만족시키는 입도 배합의 것을 원칙으로 한다.
· 필터재료가 주변의 흙에 의하여 막히지 않기 위한 조건:

$$\frac{D_{15}(\text{필터재료})}{D_{85}(\text{주변의 흙})} < 5 \qquad \text{식 4.12}$$

· 필터재료가 주변의 흙에 비하여 충분한 투수성을 갖기 위한 조건:

$$\frac{D_{15}(\text{필터재료})}{D_{15}(\text{주변의 흙})} > 5 \qquad \text{식 4.13}$$

· 유공관의 구멍과 관의 이음 부분이 필터재료로 막히지 않기 위한 조건:

$$\frac{D_{85}(\text{필터재료})}{d} > 2 \qquad\qquad \text{식 4.14}$$

여기서, D_{15}, D_{85}: 입경가적곡선에 있어서 통과백분율이 각각 15%, 85%에 해당하는 입경(㎜)

　　　　　d: 유공관의 직경, 또는 관의 이음 간격(㎜)

(2) 유공관은 원심력 철근 콘크리트관 또는 경질 염화비닐관을 사용하며 관의 지름은 1.2~2.0㎝를 표준으로 한다.

(3) 필터재료의 입도곡선은 그림 4.35에 나타내었다. 주변의 흙이 막자갈을 함유했을 때, 입경이 25㎜ 이하의 재료에 대한 입도곡선을 만들어 필터재료를 선정한다.

(4) 필터재료는 0.08㎜ 이하의 입자를 5% 이상 함유해서는 안 되며, 점착성이 있어도 안 된다. 노상토가 막자갈을 함유했을 때 그 가운데 5.0㎜ 이하의 입자만 고려한다.

(5) 지하배수에 사용하는 유공관은 KS M 3404(일반용 경질 염화비닐) 또는 KS F 4409 (원심력 유공철근콘크리트관)에 소정의 간격으로 구멍을 뚫은 것으로 한다. 또한 하중의 영향이 큰 장소에 유공관을 설치할 때는 관의 강도를 검토한다.

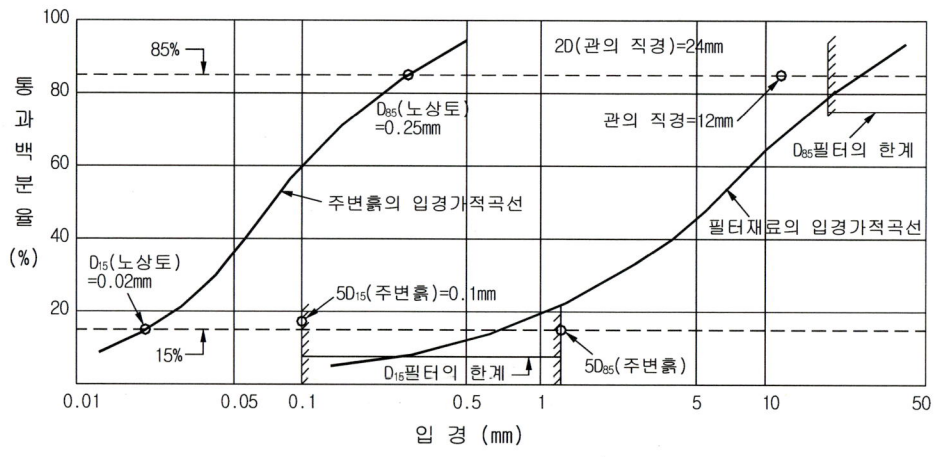

그림 4.35 필터재료의 입도곡선

나. 배수구 굴착

배수구의 굴착형상은 지하수 및 토질조건과 사용하는 굴착기

계의 종류, 시공법 등에 의해 변화한다. 계획을 세우는 데는 우선 시공이 용이하게 이루어지도록 생각해야 한다. 그 단면은 보통, 배수관의 외경보다 약 15~20㎝ 정도 크게 하는

경우가 많다. 또 토공량을 감소시키기 위해 굴착벽면을 가능한 한 수직으로 세운다.

배수기능을 계획대로 발휘시키기 위해서는 배수구의 위치 및 경사가 설계대로 정확하게 시공되어야 한다. 땅깎기구간의 비탈면 아래에 배수구를 굴착할 때에는 비탈면 끝에서 적당한 간격을 두고 배수구를 굴착한다. 비탈면 끝에 접해 배수구를 굴착하면 활동을 일으킬 우려가 있으므로 주의하여야 한다. 땅깎기부 지하배수 설치 시 다음과 같은 점을 주의하여 설치한다.

(1) 굴착의 기계시공
(2) 터널 갱구부의 전기통신 지하매설물, 비탈면 보호공의 기초, 가드레일의 기둥, 비상전화, 조명등의 배관, 표지판의 기둥, 배수관, 집수정, 기타 지하에 매설되는 구조물과의 관계
(3) 노상의 불량 부분 및 국부적인 현재 지반의 불량 부분에 있어서의 치환장소의 지하배수(유공관을 사용하지 않는 것)와의 관계
(4) 노면 및 비탈면 배수시설 등과의 관계
(5) 비탈면 끝에 접하여 배수구를 설치할 경우에는 배수구 터파기 시 비탈면의 활동에 대한 검토를 실시한다.

다. 집수관의 매설

지하배수구 등 구의 바닥이 사질계의 양호한 재료라면 소정의 높이로 편 후, 집수관을 직접 설치하고 되메우기 해도 좋다. 암반과 같은 견고한 지층일 때에는 구를 약 10㎝정도로 깊게 파고 모래, 쇄석을 깔고 균질하게 다져넣고 관에 과도한 집중하중이 가해지지 않도록 한다.

지반이 연약하고 불안정한 경우에는 구 바닥에 쇄석, 자갈, 모래 등을 필요한 두께로 깔고 매설하는 관이 부등침하 등을 일으키지 않도록 처리한다. 구의 되메우기 재료는 필터재료를 이용한다. 적당한 재료를 얻기 어려운 경우에도 관내에 토사 유입을 방지하기 위해 관에 접한 부분은 최소 15㎝ 두께의 필터재료를 이용해야 한다. 매설 후의 배수능력을 확보하고 관의 파손을 방지하기 위해서는 사질토로 되메우기하는 것이 바람직하다. 되메우기 재료에는 입경 10㎝ 이상의 자갈을 포함하지 않는 것을 선택한다. 되메우기는 20㎝ 두께로 고르게 펴면서 실시하고 특히 관의 양측부분은 주의 깊게 시공하고, 구의 붕괴와 관의 손상을 방지하기 위해 관의 설치를 완료하면 가능한 한 빨리 구를 되메우기 한다.

또한 외부로부터 토사가 유입될 우려가 있으므로 쇠망과 울타리 등의 적당한 방호조치를 강구한다.

4.7 구조물 배수시설

4.7.1 일반사항

구조물 배수는 구조물의 시공 중 혹은 시공 후에 시행하는 배수로서, 교량·고가구조의 배수, 터널의 배수, 옹벽의 배수 등을 포함한다.

구조물 시공 중 혹은 시공 후에 강수, 지하수 등이 구조물의 배면에 머물거나 구조물 내로 침투되면 구조물의 안전성이 저하되고 구조물의 파손으로 이어지는 경우도 있다. 또한 노면에 우수가 정체되면 차량의 안전주행을 해칠 뿐만 아니라 물의 비산이 주위 환경을 해치고 미관상으로도 좋지 않은 여러 가지 피해를 일으키기 때문에 물 처리에 대한 세심한 주의가 필요하다.

구조물의 배수에는 교량·고가구조의 배수, 터널의 배수, 지하도(암거)의 배수, 옹벽의 배면 배수 등을 포함한다. 그리고 특수한 교량·고가구조에서 이 지침 적용이 어려운 경우에는 현장상황에 맞도록 합리적인 설계·시공을 하는 것이 필요하다.

4.7.2 교량·고가구조의 배수

가. 배수홈통

배수홈통 간격은 20m 이하로 하는 것이 좋으며, 배수홈통은 종단경사가 오목한 구간에서는 그 저부에 반드시 1개, 그 양측에 각각 3~5m 정도 떨어져 설치한다. 단, 너무 간격이 좁으면 상판에 악영향을 미치거나 유지관리상도 바람직하지 않기 때문에 주의를 요한다.

신축장치 근처에 배수홈통을 설치하여 신축장치로의 유입량을 최대한 줄이는 배수구조가 바람직하다. 또한 종단경사 중 움푹 패인 구간 중심에 신축장치를 설치하는 경우에는 그 양측에 1.5m 정도 떨어져 배수홈통을 설치하면 좋다.

완화곡선구간 혹은 S자 곡선 구간의 변곡점 부근에 발생하는 횡단경사가 수평인지 여부를 판단하며, 수평에 가까운 구간이라면 종단경사도 고려하여 배수홈통의 설치 위치를 검토해야 한다.

그림 4.36은 배수홈통의 설치 위치 일례를 나타내었는데, 배수홈통면은 포장면보다 5~10mm 정도 낮게 설치한다. 배수홈통을 설치하기 위해 상판 등의 철근을 부득이하게 절단할 때는 그림 4.37에 있듯이 절단한 철근에 상당하는 보강철근을 배수홈통의 주위에 배치해야 한다.

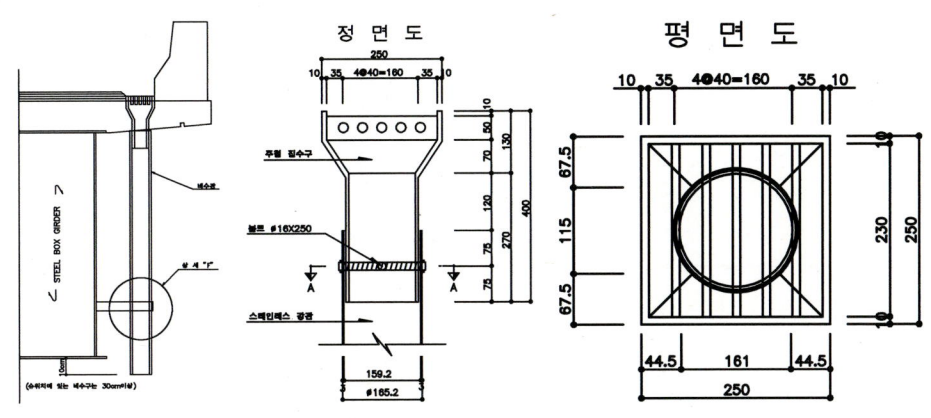

그림 4.36 배수홈통의 설치 예

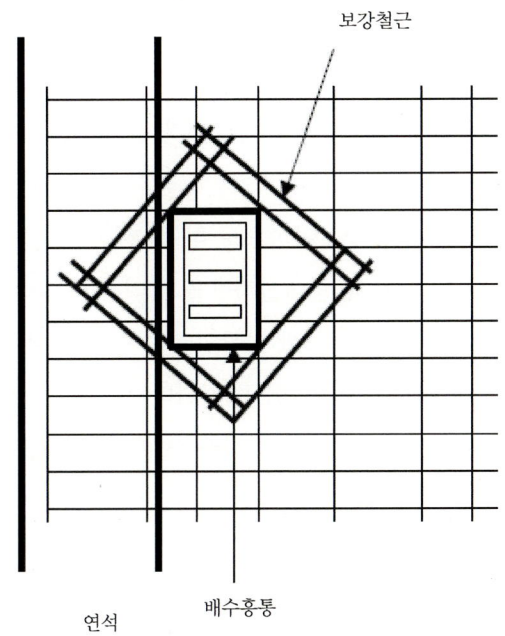

그림 4.37 배수홈통 보강 철근 예

상판 혹은 지표 등의 콘크리트 타설, 포장 시공 시에는 배수홈통에 콘크리트 혹은 아스팔트 합재 등이 들어가지 않도록 사전에 충분한 조치를 취해야 한다.

또 배수홈통 설치 후, 미포장으로 장시간 방치할 경우에는 그림 4.38과 같이 홈통의 측면에 구멍(ϕ20~30㎜)을 두어 배수하면 좋다.

그림 4.38의 배수홈통 외에 최근 측구형식에 의한 배수방식을 채용하는 경우도 있다.

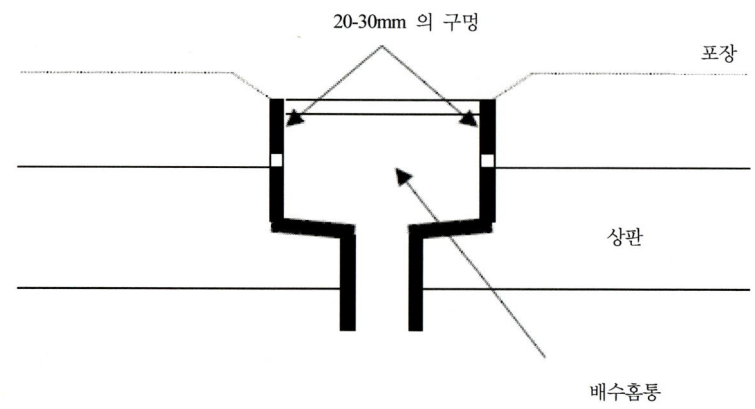

그림 4.38 배수홈통 구멍 예

나. 배수관

배수관은 원칙적으로 유지보수가 용이한 첨가방식으로 한다. 내경은 150mm 이상, 경사는 원칙적으로 3% 이상으로 하며, 장래 유지보수가 용이하도록 설치한다.

(1) 배수관의 경사는 원칙적으로 3% 이상으로 하고 부득이한 경우에는 2% 이상으로 한다. 그리고 다리 상판의 신축과 상대신축량을 고려하여 10m에 1개소를 표준으로 하여 신축이음을 설치하며, 횡관이 2개 이상의 배수구와 직결되는 경우에는 그림 4.39와 같이 그 중간에 1개의 신축이음을 설치한다.

(2) 배수관 경로에서 상부공과 하부공과의 접속부에는 그림 4.39와 같이 받침관을 두어 상하부를 연결한다.

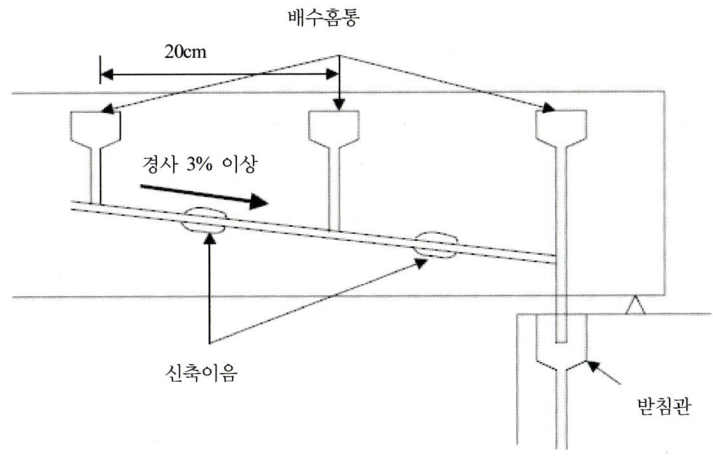

그림 4.39 배수관 설치

(3) 배수관 배치를 위한 철물은 부식방지 처리를 하여야 한다.

(4) 경질염화비닐관을 사용하는 경우에는 관에 작용하는 온도응력의 영향을 충분히 고려하여 이에 대해 안전하도록 설계하여야 한다.

(5) 한냉지에서는 배수관의 끝부분이 지면보다 50㎝ 이상 떨어지도록 한다. 한랭지에서는 관의 끝단에서 배수된 물이 얼어붙어 배수기능이 저하되는 일이 많으므로 배수관 끝단의 설치높이는 지표면에서 최소 50cm 떨어지도록 하고 가능하면 1m 이상 떨어지도록 시공하는 것이 바람직하다.

(6) 하천용 배수관의 경우 배수관의 유출부의 우수가 비산되어 교각의 교좌장치에 영향이 가지 않도록 유출구의 위치를 고려해야 한다.

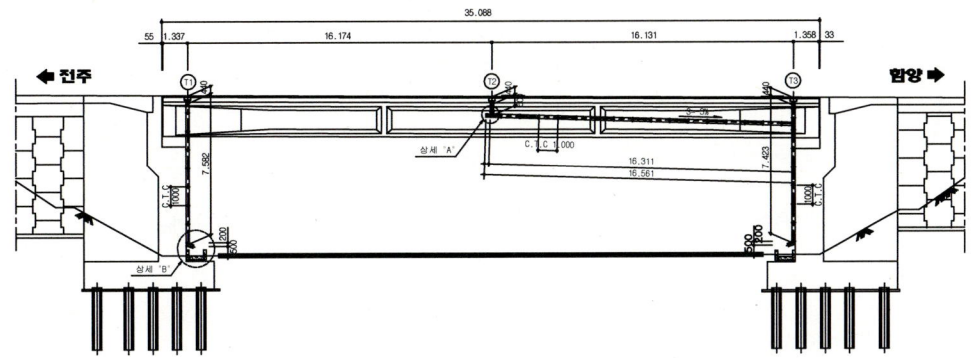

그림 4.40 교량에서의 배수관 설치도면 예

4.7.3 터널 배수

가. 배수형식
배수형 터널은 배수방법에 따라 완전배수형, 부분배수형, 외부배수형 터널로 구분된다.
배수형 터널은 터널로 유입되는 지하수를 배수하는 터널로서 배수방법에 따라 다음과 같은 세 가지 형식으로 구분하여 설계할 수 있다.

(1) 완전 배수형
터널 내부의 전주면으로 배수를 허용하는 형식

(2) 부분 배수형
쾌적한 공간을 제공할 목적으로 터널 천단과 측벽에만 방수막을 설치하여 유입수를 한 곳으로 유도하여 배수하는 형식

(3) 외부 배수형
유해 지하수로부터 터널 내부 시설물이나 콘크리트 라이닝을 보호하기 위하여 콘크리트 라이닝 외부 전체를 방수막으로 둘러싸고 그 밖으로 배수로를 설치하여 배수하는 형식

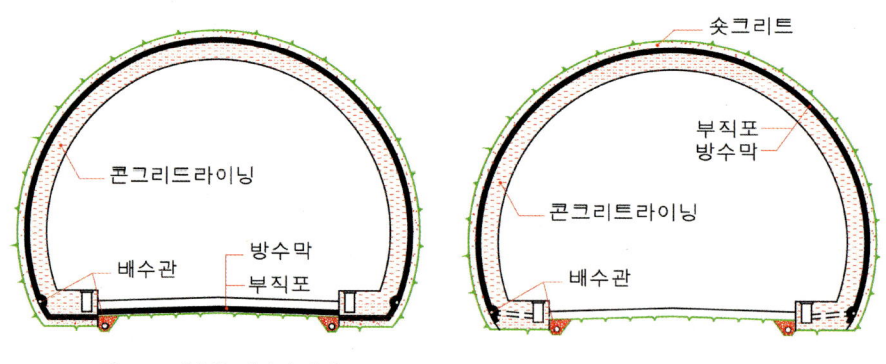

그림 4.41 배수형 터널의 개념도   그림 4.42 외부 배수형 터널의 개념도

나. 배수형 터널의 적용조건 및 고려사항
배수형식의 선정은 터널의 구축 목적, 지반조건, 지하수 조건, 안정성, 경제성, 시공성

등을 고려하여 선정하도록 한다.

터널계획 시 배수 및 시공성을 고려하여 종단선형을 결정하고, 경사는 배수에 지장이 없는 범위 내에서 가급적 완만하게 계획하도록 하며, 터널의 제기능상 부합되어야 한다.

(1) 배수형 터널의 적용조건

① 지반조건이 양호하여 유입수가 적은 반면 지하수위가 비교적 높은 지역에서는 배수형 터널을 채택하는 것이 바람직하다.

② 지하수위가 비교적 높은(수압 $4kg/cm^2$ 이상 정도) 경우에는 터널의 안정성을 감안하여 배수형 터널을 채택하는 것을 원칙으로 한다.

③ 주변지반의 여건상 과다한 유입수가 예상되는 지역에 터널을 구축해야 하는 경우에는 유입수의 양수를 위한 유지관리비용의 절감을 위하여 터널 주위 지반에 차수 그라우팅을 실시하여 유입수를 최대한 줄인 후에 배수형을 터널을 채택할 수 있다.

(2) 배수형 터널 적용 시 고려사항

① 종단선형은 주행안전성, 환기, 방재설비, 배수 및 시공성을 고려하여 결정해야하고, 경사는 배수에 지장이 없는 범위 내에서 가급적 완만하게 계획하여야 하며 기능상 부합되어야 한다.

② 터널 개통 후의 터널 내부 용출수를 종단배수구로 자연유출시키려면 통상적으로 0.1% 이상의 경사가 효과적이지만, 시공 중의 용출수를 자연유출시키기 위해서는 용출수가 적을 경우에도 0.3% 이상, 용출수가 상당히 많은 경우에는 0.5% 정도의 경사가 필요하다. 경사를 크게 하면 시공 중 작업능률이 떨어지는 시공상의 문제와 개통 후에도 교통용량이 저하될 우려가 있다. 또한 노면수가 터널 내로 유입되면 결빙되어 차량운행에 안전사고가 발생할 수 있으므로 터널의 시·종점부의 갱구선정에 특별히 유의하여 가능한 노면수가 유입되지 않도록 하여야 한다.

다. 배수형 터널의 세부사항

터널 내의 유입수 처리는 측방 배수관 또는 주배수관에 의해 배수하는 것을 원칙으로 하되 배수상태의 점검이나 배수관의 청소를 위하여 50m 이하의 간격으로 청소구(맨홀)를 설치하여야 한다.

인버트 부에 설치하는 주배수관의 직경은 300mm 이상이어야 하며 콘크리트관, 아연도 강관 등을 사용할 수 있다.

(1) 부분배수형 터널의 경우 숏크리트와 콘크리트 라이닝 외부에 설치되는 방수막 사이에 부직포를 설치하여 터널 측벽 하단으로 유입수를 유도하며, 사용 부직포는 유입 지하수를 충분히 배수시킬 수 있는 기능을 갖추어야 한다.

(2) 세립토립자를 함유한 지반에서는 부직포의 막힘현상 발생 가능성을 검토하고 필요시 부직포의 두께를 증가시키거나 드레인 보드 또는 이와 동등 이상의 배수능력을 가지는 기타의 배수용 자재, 배수관 등을 추가로 설치하여 터널의 내구연한 동안 배수계통의 충분한 통수능력을 확보할 수 있도록 하여야 한다.

(3) 지반의 절리나 지층에서 흘러나온 물은 배수시스템을 통하여 수압이 발생하지 않도록 터널 밖으로 배수되어야 한다. 이를 위하여 터널의 저부에는 측방배수관을 설치하여야 하며 유지관리를 위해 직경이 150mm 이상 되어야 한다.

(4) 측면에 설치한 청소구(맨홀)에는 뚜껑을 설치해야 한다. 보통 청소구(맨홀)는 유지관리 측면에서 50m 이하 간격이 적정하며 사람이 작업할 수 있도록 최소한 60cm×80cm 크기로 한다. 항상 종방향 배수를 점검하고 청소할 수 있어야 한다.

(5) 터널 저부의 중앙부 또는 측방에 설치하는 주배수관은 콘크리트관, 아연도 강관 등을 사용할 수 있다. 이러한 주배수관의 직경은 300mm 이상이 되어야 한다. 터널의 주배수관은 터널 내 대형화재 사고 발생 시 유출된 기름에 의한 2차 발화로 유독가스가 발생된 사례가 있어 불연성 재질로 하는 것이 바람직하다.

(6) 시공 중에도 유입되는 지하수를 배수할 수 있는 적절한 배수시설을 갖추도록 하여야 한다.

(7) 콘크리트 라이닝에 누수가 발생할 경우에 대비하여 적절한 배수처리시설을 갖추도록 하며 한냉지역에서는 도수부가 동결하는 경우도 있으므로 단열 등에 대한 대책을 마련하여야 한다.

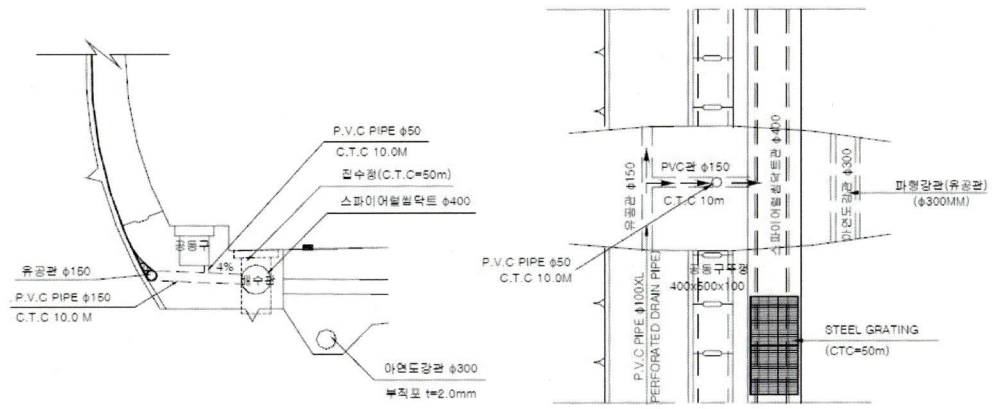

그림 4.43 터널배수 상세(예)

라. 터널배수의 종류

(1) 노면 배수

터널 내부로부터 유입되는 노면수 및 터널 내 청소 또는 소화설비로부터 발생되는 표면수를 처리하는 것으로 오폐수 혼합, 분리 여부에 따라 배수구 또는 별도의 배수관으로 배수한다.

(2) 배면 배수

방수막 배면으로 유도되는 용출수 처리를 위한 것으로 터널 구조물 안전에 중요한 영향을 미친다. 측벽 하단에 종방향 유공관을 설치하여 배면의 용출수를 유도하고, 적정 간격으로 배수구에 연결시킴으로써 최종적으로 배수구를 통해 처리하게 된다.

(3) 저면 배수

지하수 배수공은 터널 인버트부 지반으로부터의 용출수를 대상으로 한 배수로서 터널 전장에 걸쳐 양측에 설치하고 노반 및 용출수의 배수를 원활히 할 수 있도록 설치하여야 한다.

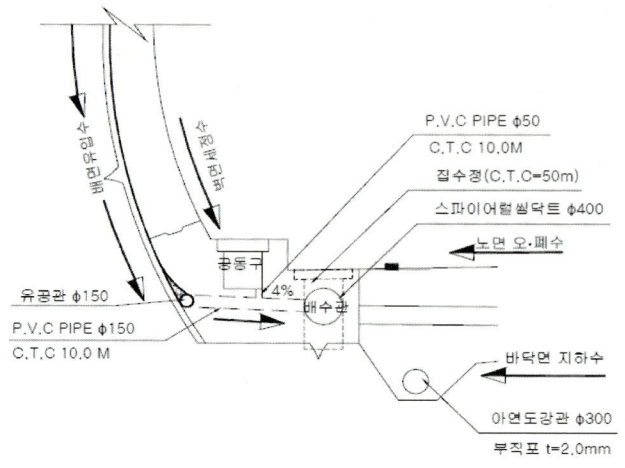

그림 4.44 배수시스템(예)

마. 터널의 배수시스템

도로터널의 배수시스템은 오폐수의 처리방법에 따라 오폐수 혼합 배수시스템과 오폐수 분리 배수시스템으로 구분할 수 있다.

수질오염방지 및 기계화 유지관리를 위해 지하수와 오폐수의 완전분리가 가능한 배수시스템 구성이 요구되며 터널의 목적, 위치, 주변 여건 등을 고려하여 오폐수처리방법에 따른 배수시스템을 선정하여야 한다.

(1) 터널의 주배수는 지반에서 나온 물만의 배출을 위한 오폐수 분리 배수시스템 또는 지반에서 나온 물 이외에 기타의 물도 같이 배수시킬 목적의 오폐수 혼합 배수시스템으로 설치한다. 오폐수 분리 배수시스템은 지하수가 많은 경우에 직접 배수를 용이하게 하기 위해 설치한다. 오폐수 혼합 배수시스템에서는 터널의 주배수시스템을 통해 지반에 흘러나온 물과 터널 사용 중에 나온 기타의 물과 액체를 동일 배수관으로 배수한다.

(2) 터널 안의 세정수는 수질오염방지법의 규제대상에서 제외되지만, 현재로는 공공수역에 직접 방류하는 것은 곤란하며 임의의 처리가 필요하다.

(3) 오수처리시설을 터널별로 만드는 것은 비경제적이며 일시적인 저수조를 만들어 이동식 처리차로 처리하거나 다른 장소에서 처리하는 방법을 채용하고 있다. 그렇기 때문에 세정을 필요로 하는 터널에는 일시적인 저수조를 만들어야 하며 그 규모는 터널세정수 및 화재 시 소화전 수량 등을 고려하여 충분한 처리용량을 확보하여야 한다.

(4) 갱구 부근의 저수조에서 이동식 처리차가 일시 정차할 수 있도록 배려하고 또한 공사 중의 오폐수 처리용 저수조의 규모가 공사완료 후에 세정수의 저수조로 이용하는 것이 바람직하다.

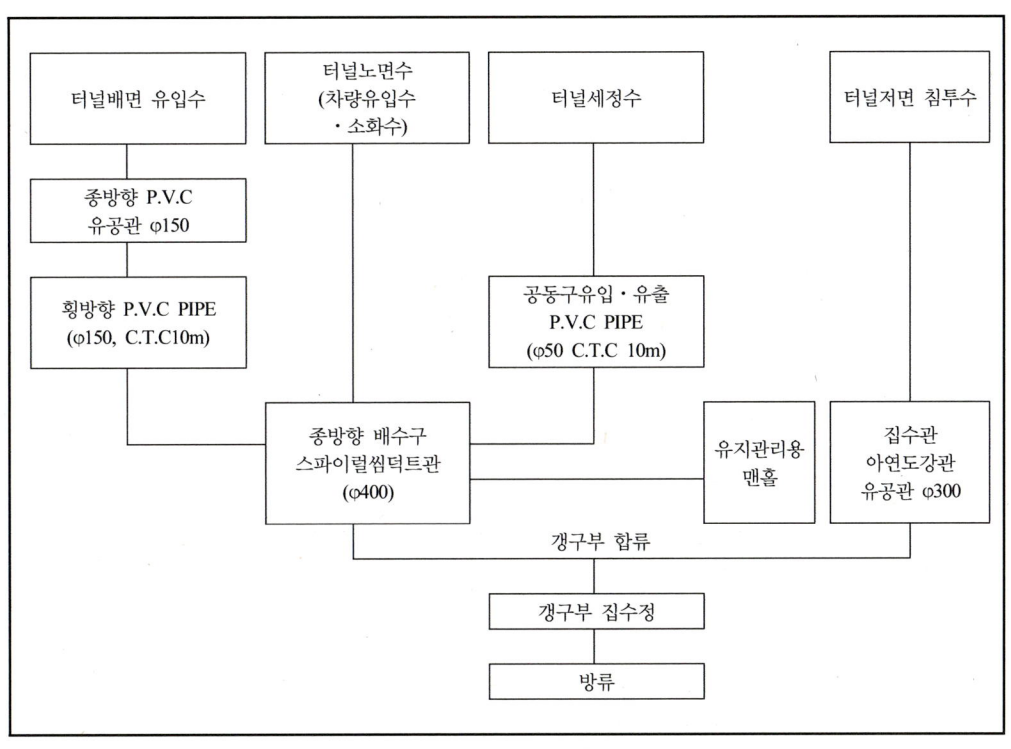

그림 4.45 오폐수 혼합 배수시스템 배수계통도(예)

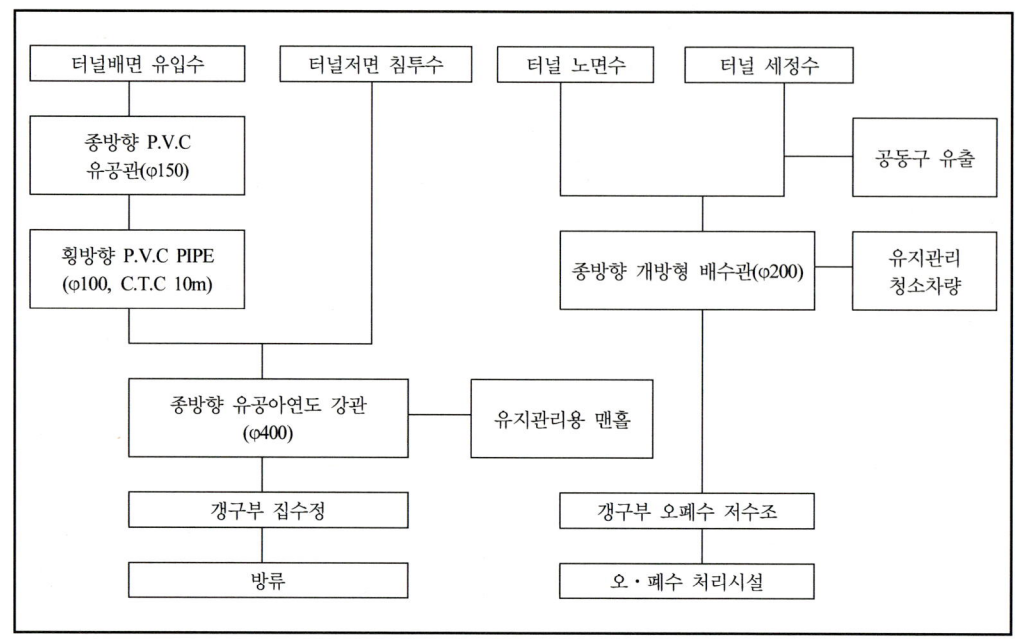

그림 4.46 오폐수 분리 배수시스템 배수계통도(예)

바. 배수용량 산정

배수용량은 오폐수 혼합, 분리 시스템을 고려하여 각각의 배수계통에 따라 노면 배수량과 배면 배수량을 처리하도록 설계하며, 이때 검토될 항목으로는 터널 내로 유입되는 우수, 측벽 유입수, 차량 유입수, 벽면 세정수, 수분무용수 및 화재 시의 소화용수 등이 있다.

대부분의 터널에서는 우수가 터널 내부로 유입되지 않도록 하며, 소화용수 및 수분무용수 등은 방재설비의 종류 등에 따라 다르므로 터널별로 별도로 검토하여야 한다.

(1) 대상 수량

① 터널 내 유입우수

국내의 경우 시가지 터널을 제외한 도로터널은 보통 산악을 통과하므로 터널구간은 凸형 곡선의 정점부에 위치하여 터널 내부로의 우수 유입은 없으나, 차량경사로에 터널이 위치하는 경우 배수시스템 연결을 계획해야 한다. 이때 터널로 유입되는 수량은 일반도로의 측구, 유형측구 등의 처리수량과 동일하게 산출한다.

강우에 의한 배수량의 결정을 위해 고려해야 하는 사항은 강우강도, 발생빈도와 강우지속시간이다.

② 측벽 유입수

터널심도, 터널연장 및 지반의 투수계수, 파쇄 정도에 따라 용출수량의 변화가 심하여 측벽 유입수의 정량적인 평가는 어려운 실정이다. 따라서 대부분의 경우 국내에서는 서울 지하철 실측 자료를 기준으로 하고 있으며, 보통의 암반상태에서 유입수량이 1km당 0.5~1.5m³/min 정도인 산악터널에는 적합하지 않다.

그러나 대부분의 산악 도로터널에서는 이에 준하는 값을 적용하고 있으며 최근의 설계에서는 이론적 해석과 수치해석적 방법을 함께 이용해 유입수량을 평가하고 있다.

③ 벽면 세정수

도로 터널의 경우 일정주기로 물청소가 이루어지며 세척과 씻어내는 2단계로 구분 청소된다. 터널 세정수량에 대한 일례로 한국도로공사에서는 단위 세정수 발생량을 15ℓ/m, 세정속도는 1.0km/h로 검토하고 있다.

④ 소화용수

소화 작업 역시 배수시스템에 비교적 많은 양의 물을 제공한다. 소화용수량은 이미 설치된 소화방재시스템의 용량 안에서 소화 작업 동안 터널 내로 펌프할 수 있는 물의 최대 유출율을 산정하여 결정한다.

⑤ 차량 유입수

차량 유입수량은 미소하기 때문에, 만약 배수시스템이 상기의 모든 양을 처리하도록 설계되었다면 차량유입수는 충분히 처리될 수 있다.

4.7.4 지하횡단시설 및 연결로부의 배수

지하횡단시설에 유입한 표면수는 자연배수를 원칙으로 하며, 이것이 불가능한 경우에는 펌프배수를 사용한다.

지하횡단시설에 유입된 물에는 도로 및 인접지로부터 유입된 표면수와 지하수가 있다. 교차구간 외 표면수는 연결로부(램프부)에 유입하는 이전에 처리하는 것이 바람직하다.

교통량이 많고 대형차의 운행이 빈번한 간선도로에서는 횡단배수구의 파손이 두드러지고 유지관리상 여러 가지 문제가 발생하고 있기 때문에 최근에는 곡선부에 측구를 설치하여 처리하고 있는 사례가 많다. 또한 교차구간 내의 표면수는 측구에 의해 가장 패인

부분으로 유도하여 배수한다.

지하횡단시설에 유입한 표면수는 자연배수를 할 수 있도록 고려하여 설계하는 것이 원칙이지만 불가능한 경우에는 펌프배수에 의해 배수할 수밖에 없다. 펌프에 의한 배수량은 지하횡단시설의 집수면적을 고려하여 결정하고 지하수에 대해서는 굴착 시에 수량을 관측하여 펌프의 배수용량과 펌프수량을 결정한다.

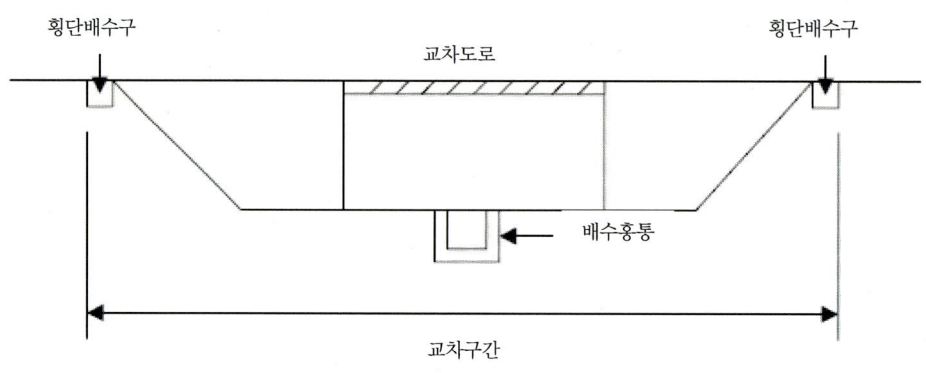

그림 4.47 지하횡단시설의 배수(예)

4.7.5 옹벽

옹벽배수는 지표면배수와 뒤채움배수로 구분하며, 지표면배수는 식생공, 블록 등의 불투수층을 마련하여 배수구로 집수시킨다. 뒤채움배수로는 간이배수공, 구형배수공, 연속배면 배수공, 기타 배수공 등을 사용한다.

옹벽 설계에 있어서 배수공은 토압경감을 위한 중요한 시설이다. 즉, 물의 침투에 의해 배면토의 함수비가 증가하면 흙의 중량 증가와 전단강도 감소에 의해 토압이 증가하고 옹벽 형식에 따라서는 변형이 일어나거나 경사 등의 변형이 발생한다. 따라서 종래부터 여러 가지 배수공이 이용되고 있지만 최근에는 합성수지제품을 이용한 배수공을 많이 사용하고 있다.

옹벽배수는 지표면배수와 뒤채움배수로 구분한다. 지표면배수는 우수 등의 지표면수가 뒤채움 흙 속에 침투하는 것을 방지하는 것이며, 뒤채움배수는 뒤채움내부로 침투한 물을 신속하게 배제하기 위한 배수공이다.

배수공의 설계에 있어서는 우선 옹벽배면과 지지지반에 물이 침투하는 것을 방지하는 것이 중요하다. 따라서 식생공과 콘크리트, 블록 등의 불투수층을 설치하여 지표면수를 배수구로 집수시키거나 지하수위가 높은 경우에는 지하수 배수공을 설치하여 지하수의 유입을 방지할 필요가 있다.

그러나 이와 같은 대책을 강구하여도 물의 침투를 완전히 막을 수 없기 때문에 옹벽배면에 침투한 물을 배제하기 위한 뒤채움배수공을 설치할 필요가 있다.

뒤채움배수공에는 간이 배수공, 구형 배수공, 연속배면 배수공 등이 있고, 옹벽 규모와 뒤채움재의 토질, 설치 위치의 지형상황, 용출수 유무 등에 따라 적절히 선정한다. 그리고 필요에 따라 옹벽의 횡단방향 배수에 대해서도 검토할 필요가 있다.

가. 간이 배수공

간이배수공은 뒤채움 흙이 사질토 등으로 투수성이 좋은 경우에 이용하고 있다.

이 배수공은 그림 4.48에 있듯이 각 배수구멍 위치에 쇄석과 자갈 등 두께 50㎝ 정도의 수평배수층을 벽체 전 길이에 걸쳐 설치하는 것이다. 또한, 용출수량이 특히 많은 경우에는 구멍 뚫린 배수관을 병용하는 것이 좋다.

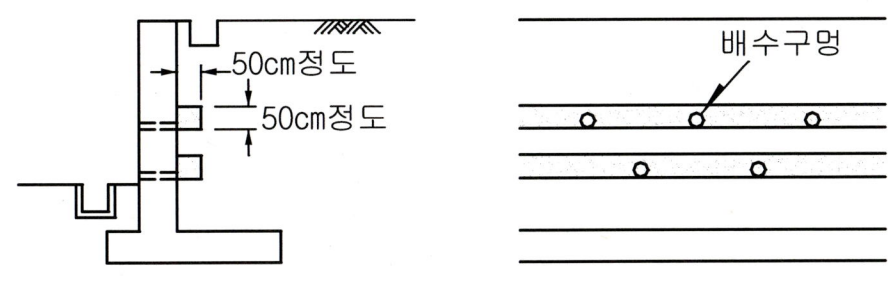

그림 4.48 간이 배수공

나. 원형 배수공

원형 배수공은 투수성이 좋지 않은 뒤채움재를 이용하는 경우와 옹벽이 집수지역에 위치하는 경우 등에 이용하면 좋다. 이 배수공은 그림 4.49에 있듯이 벽체하단 부근에서 배수구멍을 통해 용이하게 배수할 수 있는 높이의 위치에 벽체 전 길이에 걸쳐 쇄석, 자갈 등으로 두께 50㎝ 정도의 수평한 배수층을 설치하고 동시에 벽체배면을 따라 옹벽상부 부근까지 두께 30cm 이상의 연직배수층을 최소 4.5m 간격으로 설치한다.

벽체의 배수구멍은 적어도 연직배수층과 수평배수층과의 각 교점마다 설치할 필요가 있다.

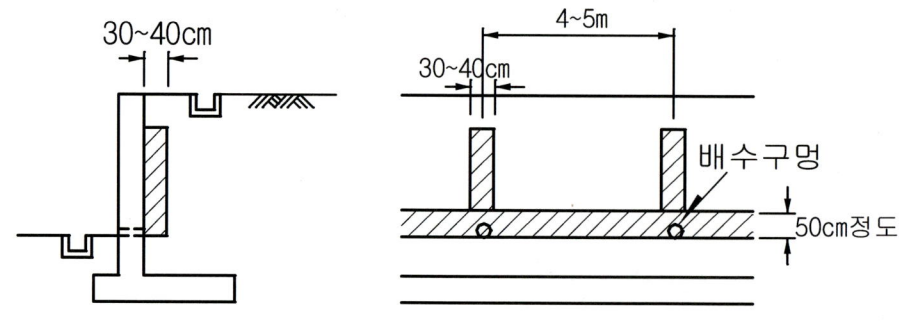

그림 4.49 구형 배수공

다. 연속배면 배수공

연속배면 배수공은 주로 블록쌓기옹벽에 사용되고 있으며, 원형 배수공과 마찬가지로 배면흙쌓기재가 점성토처럼 투수성이 나쁘고 옹벽이 집수지역에 위치하는 경우 등에 이용하면 좋다. 이 배수공은 벽체배면의 전면에 걸쳐 쇄석 등으로 두께 30cm 이상의 배수층을 설치하여 이 층의 전면에서 집수하고, 배수층 하단 및 벽체에 적당히 배치한 배수구멍을 통해 배수하는 방법이다.

라. 기타 배수공

옹벽 배면에 드레인 보드(drain board, 폴리스틸렌 일면 배수재)를 부착시키고 부직포로 드레인 보드를 덮은 후 양질의 토사로 뒤채움을 하여 배면 토압의 증가를 억제하고 뒤채움 흙의 동상과 동결에 따른 수축 팽창을 방지할 수 있다.

뒤채움재로 점성토를 사용하는 경우에는 배수공이 뒤채움 흙에 의해 막히지 않도록 쇄석과 자갈, 토목섬유 배수재 등으로 지하배수층을 설치하는 것이 바람직하다(그림 4.50).

만약, 흙이 팽창성 점성토인 경우, 침부수에 의해 흙이 팽창될 수 있으므로 이러한 흙은 뒤채움재로 좋지 않으나 만약, 부득이 사용할 경우에는 이중의 블랭킷 배수시설을 설치한다(그림 4.51). 또한 특수한 배수공으로 땅깎기부의 배수와 용출수가 있는 장소의 배수공이 있다(그림 4.52, 그림 4.53).

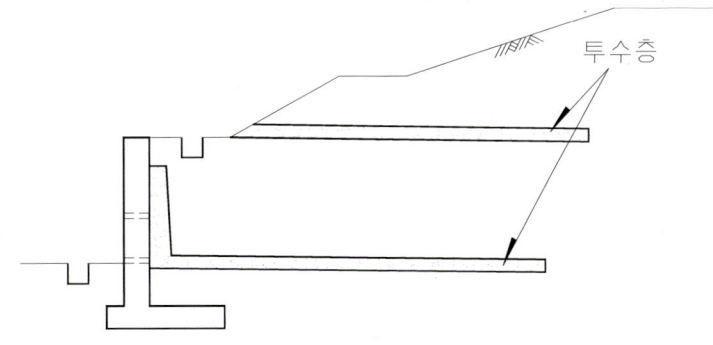

그림 4.50 옹벽의 배면배수(예)

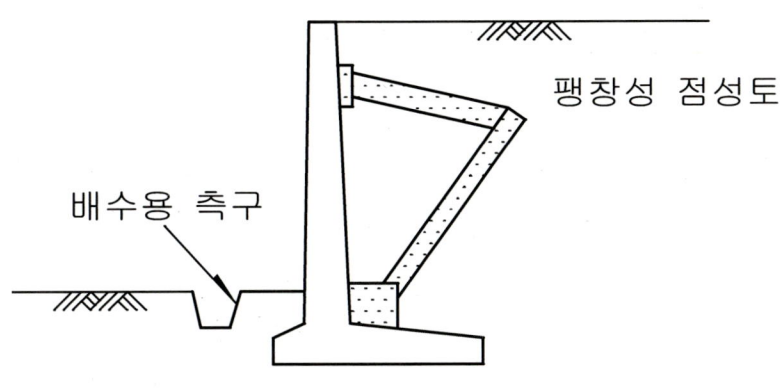

그림 4.51 이중 블래킷 배수시설

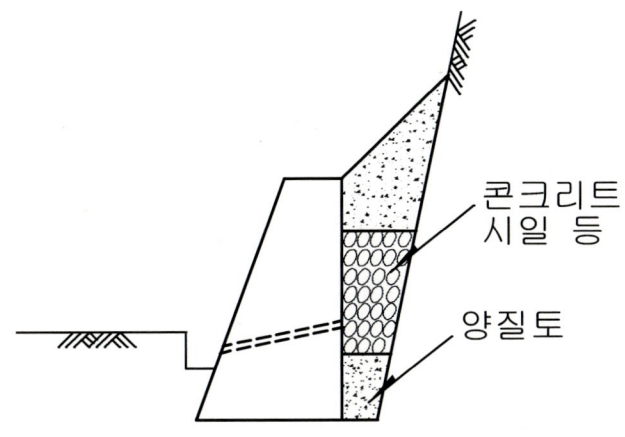

그림 4.52 땅깎기부에서의 배수공(예)

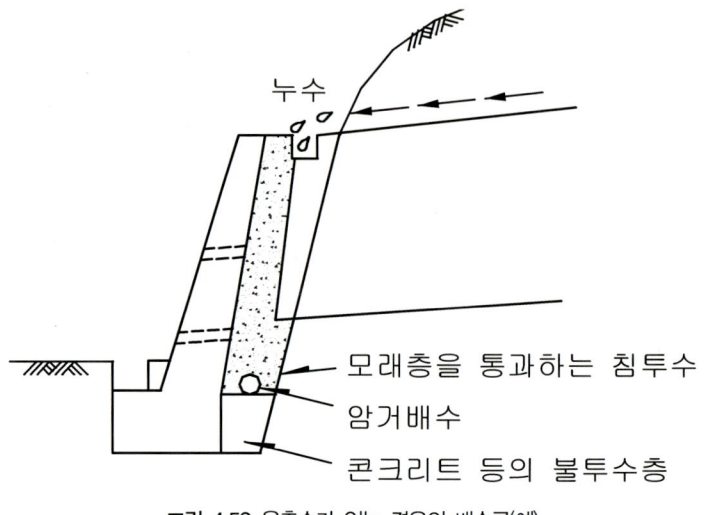

 부분에는 다음 라벨이 포함됨: 누수, 모래층을 통과하는 침투수, 암거배수, 콘크리트 등의 불투수층

그림 4.53 용출수가 있는 경우의 배수공(예)

마. 배수구멍

배수구멍은 옹벽배면에 모인 물을 배수하기 위한 것으로 콘크리트옹벽에서는 옹벽 전면에 용이하게 배수할 수 있는 높이로 5m 이내의 간격으로 설치한다. 그리고 부벽식 옹벽에는 각 판넬마다 적어도 1개의 배수구멍을 설치한다. 또한 블럭쌓기 옹벽과 비자립형 옹벽에서는 뒤채움 배수에 특히 주의해야 하며, 배수구멍은 전면의 배수구보다 상부에서 2~4m² 에 1개의 비율로 설치하는 것이 바람직하다.

배수구멍은 내경 6~10㎝ 정도의 경질염화비닐 등의 재료를 배수방향에 적당한 경사로 벽체 내에 묻어 설치한다. 또한 배수구멍 입구에 흡출방지재와 구멍지름보다 큰 자갈과 쇄석을 설치하여 배수구멍을 통해 뒤채움 흙이 유출되지 않도록 배려할 필요가 있다.

바. 배수재

배수층의 재료로는 일반적으로 자갈과 쇄석 등의 석재를 사용하고 있으며, 최근 옹벽 배수용 토목섬유 배수재(예로서 지오텍스타일복합체)도 사용하고 있다. 토목섬유 배수재는 경량으로 취급과 시공이 용이하다는 특징을 가지고 있지만 투수층으로서의 성능, 내구성, 환경조건, 설계시공법, 옹벽 종류 등을 충분히 검토한 후에 이용한다. 다만 블록쌓기 옹벽은 구조안정상 뒤채움재에 자갈과 쇄석을 이용하는 것을 전제로 하고 있기 때문에 그 대체물로 토목섬유 배수재를 이용해서는 안 된다.

제5장
도로 배수시설의 설계

5.1 도로 배수시설의 설치 위치

5.1.1 측구

측구는 노면과 인접한 비탈면의 물을 배수하기 위하여 도로의 종단방향에 따라 설치하는 배수시설로, 측구의 형상과 구조는 배수량·경제성·교통에 대한 안전성 등에 따라 결정한다.

(1) 토사측구

토사측구는 평지, 농경지, 구릉지, 산지 등 용지확보가 용이한 구간에 설치하며, 흙쌓기 지역에서는 비탈면 끝에 설치하여 도로노면 배수를 자연수로에 연결시킨다.

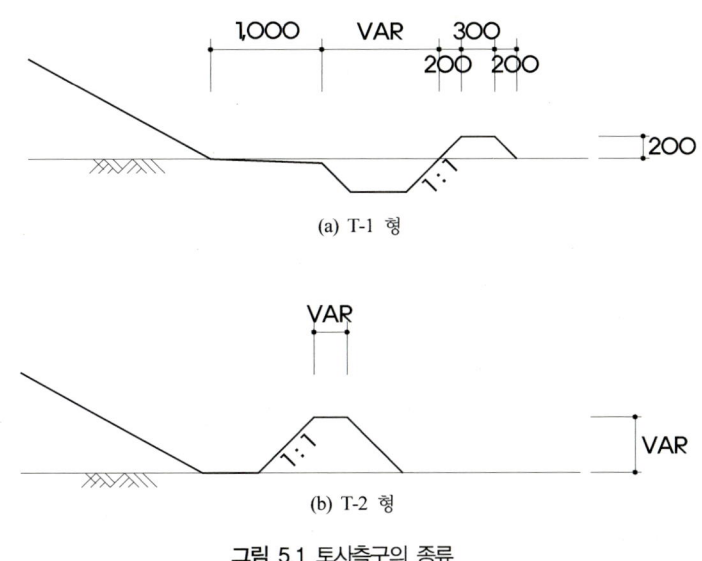

(a) T-1 형

(b) T-2 형

그림 5.1 토사측구의 종류

(2) V형 측구

V형 측구는 흙쌓기부 비탈면 끝에 설치하여 도로 표면수를 자연수로에 연결시키며, L형 측구와 토사 측구의 연결 부근(절성경계부)이나 땅깎기·흙쌓기부에서 흙쌓기부 비탈면에 단차가 커서 침식될 가능성이 많은 곳에 설치한다.

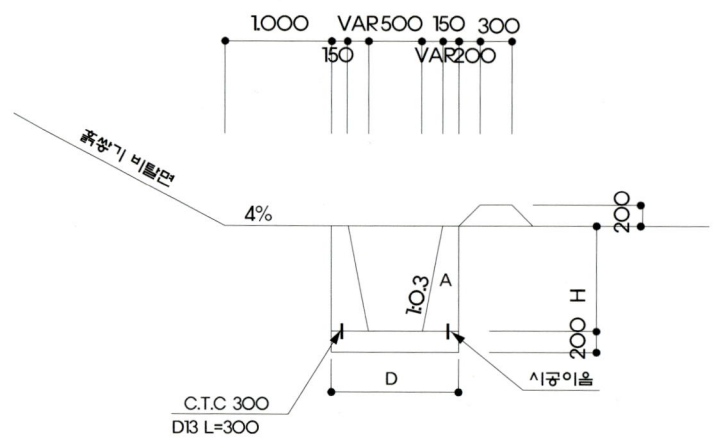

그림 5.2 V형 측구 설치 예

(3) L형 측구

L형 측구는 노면 및 땅깎기한 비탈면의 배수 및 도로 보호의 목적으로 설치하는데, L형 측구만으로 배수량이 과다할 때, L형 측구 밑으로 종방향 배수관이나 U형 측구를 설치하는 방법으로 배수 처리하거나 통수단면을 확대한다.

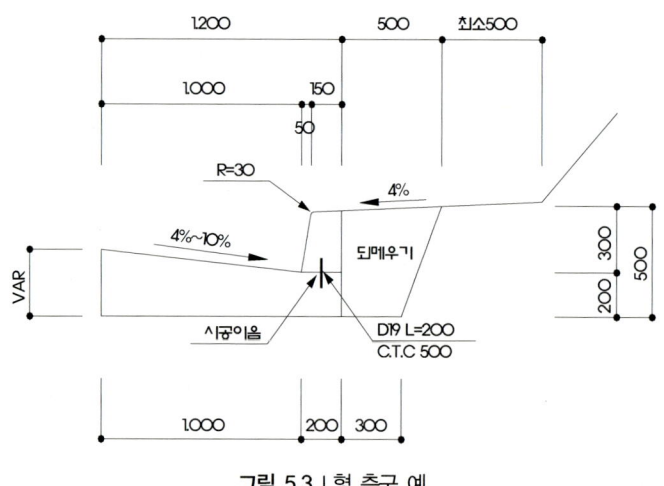

그림 5.3 L형 측구 예

(4) U형 측구

U형 측구는 I.C나 분리차로, 녹지대 및 부체도로에 지형여건을 감안하여 설치하는데, U형 측구의 형식별 적용기준은 다음과 같다.

표 5.1 U형 측구의 설치 위치 및 형상

측구 형식	적용기준	U형 측구 형상
형식 1	영업소, 휴게소 광장부 등	
형식 2~4	시가지 구간 높이에 따라	
형식 5	부체도로	
형식 6	I.C 및 분리구간 녹지대	

(5) 산마루측구

산마루측구는 깎기부 비탈면의 정상 끝단에서 2m 벗어난 지점에 설치하는데, 자연 경사면에서 도로의 땅깎기 법면으로 유하하는 강우를 집수하여 기존 자연수로나 깎기부 도수로를 통하여 배수한다.

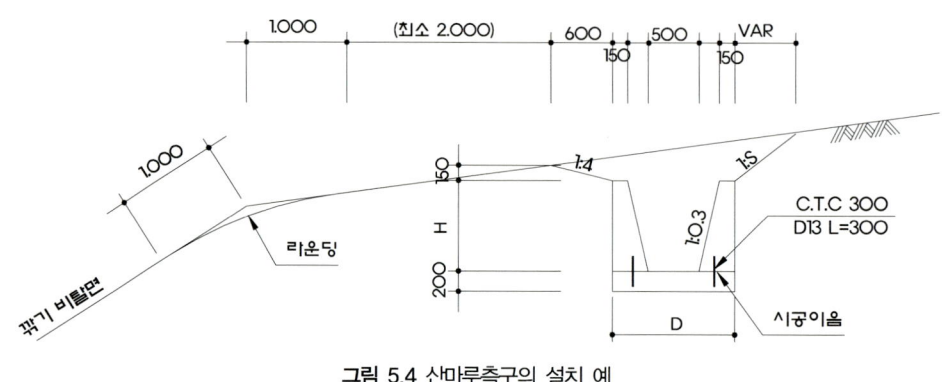

그림 5.4 산마루측구의 설치 예

5.1.2 다이크(dike)

일반적으로 길어깨 배수시설은 노면에 내린 우수가 흙쌓기 비탈면으로 흘러들어 비탈면이 유실되는 것을 방지하기 위하여 설치하는데, 노면에 내린 우수를 배수하기 위한 시설로 길어깨와 연석으로 구성되는 삼각형 단면 또는 길어깨 측구를 통하여 쌓기부 도수로나 우수받이 등을 이용한다.

다이크의 설치 높이를 검토하고 다이크 끝부분은 도수로에 연결하며, 종단선형조건에 따라 오목구간에는 T형(양방향 집수형태)을, 일반구간에는 L형(일방향 집수형태)으로 계획한다.

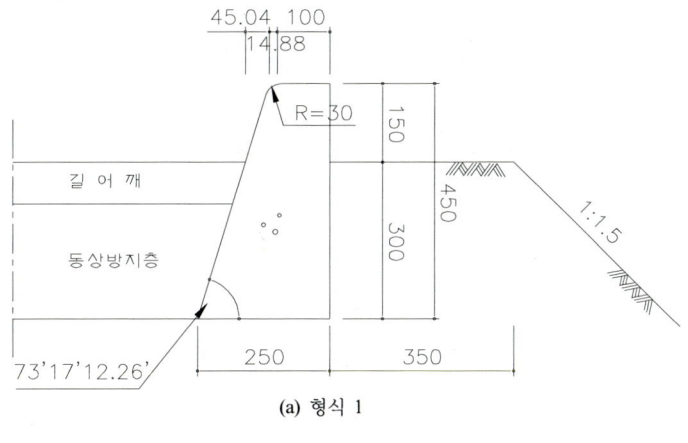

(a) 형식 1

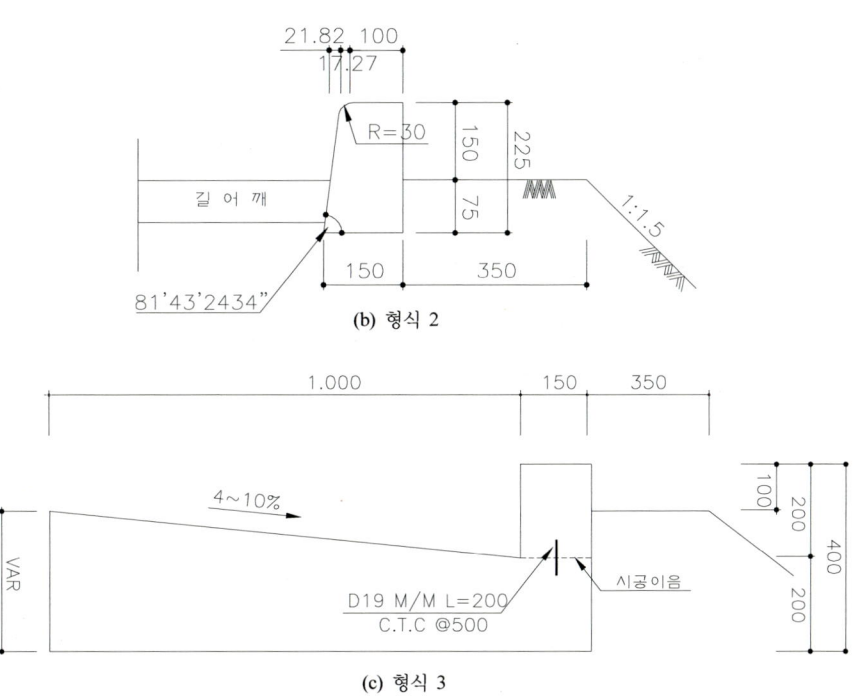

(b) 형식 2

(c) 형식 3

그림 5.5 다이크 형식 예

5.1.3 도수로

도로노면에서 길어깨 또는 길어깨 측구로 흐르는 물을 배수하기 위하여 도수로를 설치하며, 설치 위치는 ⅰ) 유량이 길어깨 또는 길어깨 측구의 허용통수량과 같게 되는 곳, ⅱ) 길어깨 또는 길어깨 측구의 가장 심한 요철부, iii) 교량 고가구간 및 연약지반, iv) 높은 흙쌓기 구간에서 장기 성토 침하에 의한 길어깨 배수에 지장을 준다고 예상되는 곳 등이다.

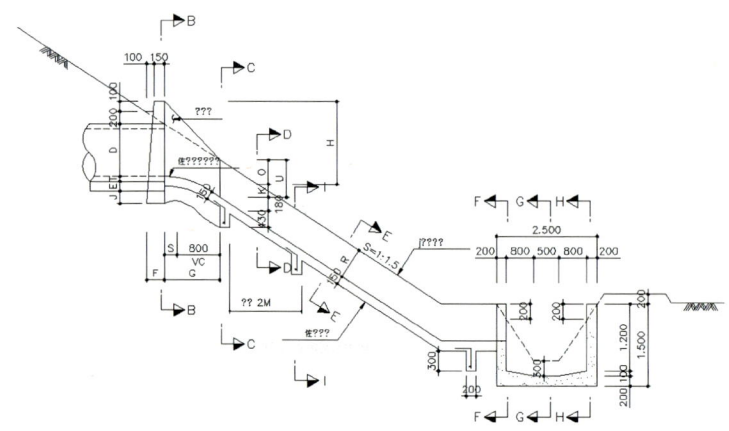

그림 5.6 쌓기부 도수로 표준도

깎기부 도수로는 산마루측구 및 소단측구를 통하여 흐르는 물을 배수하기 위해 설치하며, 설치 위치는 ⅰ) 깎기부 도수로가 다른 수로와 합류하는 곳, ⅱ) 흐름의 방향이나 경사가 갑자기 변하는 곳 등이다.

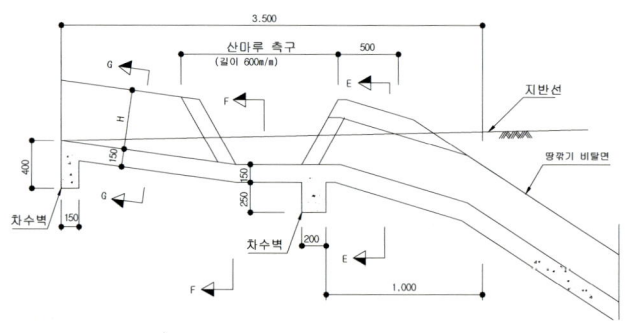

그림 5.7 깎기부 도수로 형태

5.1.4 집수정

일반적으로 깎기 구간의 길어깨에는 L형 또는 U형(뚜껑 있는 형식) 등 다양한 형식의 측구를 설치하여 노면수를 집수하고, 깎기부에 설치되는 집수정의 설치 위치는 ⅰ) 유량이 길어깨의 허용통수량과 같게 되는 곳, ii) 깎기부의 비탈면 도수로 또는 종배수관과 연결되는 곳, iii) 지하배수관 또는 종배수관의 단면이 변화하는 곳, iv) 도로 본선의 종단 경사가 가장 낮은 곳 등이다.

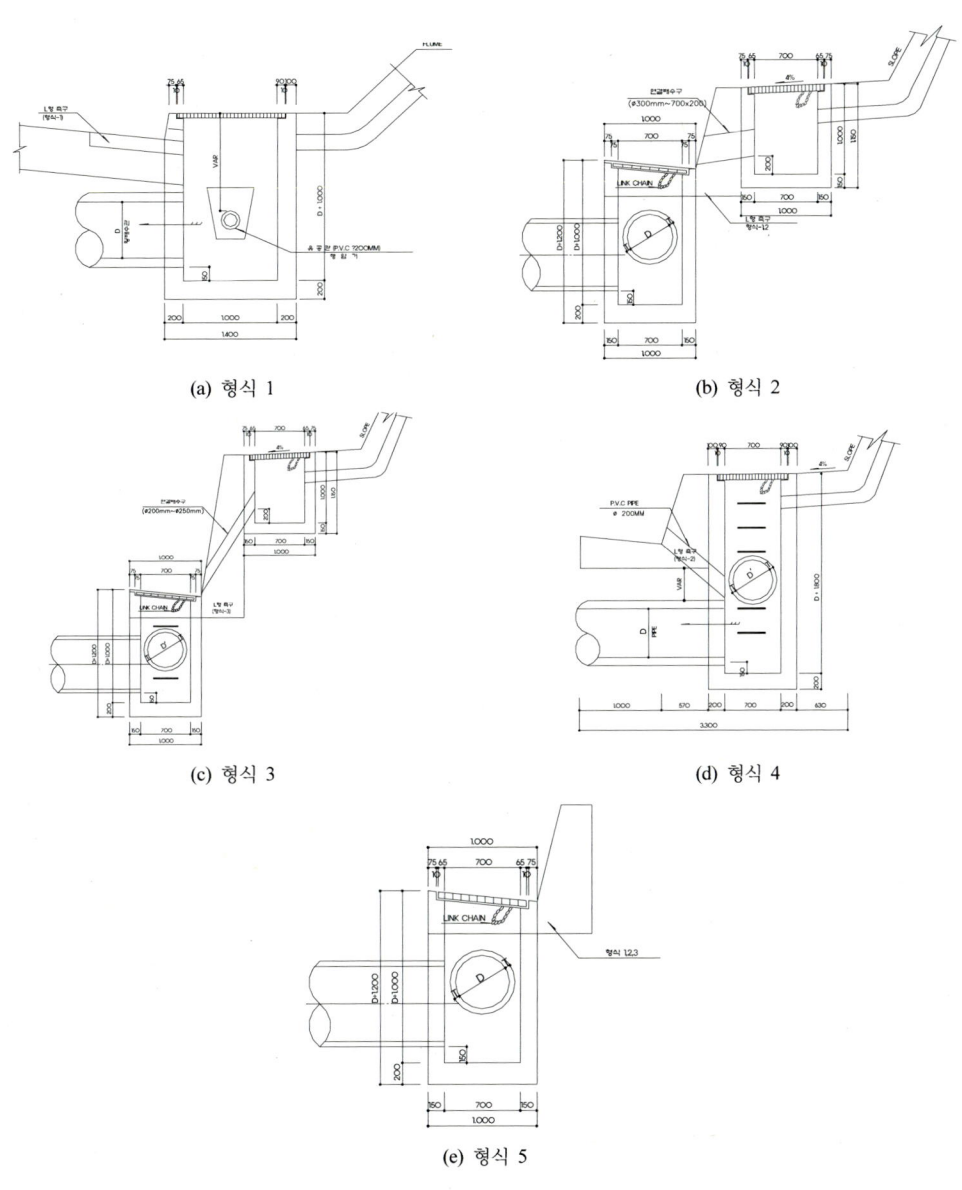

(a) 형식 1

(b) 형식 2

(c) 형식 3

(d) 형식 4

(e) 형식 5

그림 5.8 깎기부 집수정의 종류

5.2 노면 배수시설 설계

5.2.1 쌓기부 도수로 설치간격

■ 허용 통수량 계산

(1) 길어깨 횡단경사에 따른 다이크의 통수량(통수단면의 100%)

$$Q = A \times (1/n) \times R^{2/3} \times I^{1/2}$$

(n=0.0150)

길어깨 횡단경사 (%)	수위 (ft)	통수면적 (ft^2)	윤변 (ft)	경심 (ft)	$R^{2/3}$	Q (ft^3/sec)
1.0	0.082	0.338	8.288	0.041	0.118	Q = 2.664 × $I^{1/2}$
2.0	0.164	0.677	8.375	0.081	0.187	Q = 8.439 × $I^{1/2}$
3.0	0.246	1.018	8.463	0.120	0.244	Q = 16.552 × $I^{1/2}$
4.0	0.328	1.362	8.551	0.159	0.294	Q = 26.678 × $I^{1/2}$
5.0	0.410	1.707	8.640	0.198	0.339	Q = 38.611 × $I^{1/2}$
6.0	0.492	2.067	8.731	0.237	0.383	Q = 52.721 × $I^{1/2}$

(2) 길어깨 횡단경사 및 종단 합성경사에 따른 다이크의 통수량 Q(ft^3/sec)

(n=0.0150)

종단경사 길어깨 횡단경사	0.3 (%)	0.5 (%)	1.0 (%)	1.5 (%)	2.0 (%)	2.5 (%)	3.0 (%)
1.0%	0.146	0.188	0.266	0.326	0.377	0.421	0.461
2.0%	0.462	0.597	0.844	1.304	1.193	1.334	1.462
3.0%	0.907	1.170	1.655	2.027	2.341	2.617	2.867
4.0%	1.461	1.886	2.668	3.267	3.773	4.218	4.621
5.0%	2.115	2.730	3.861	4.729	5.460	6.105	6.688
6.0%	2.888	3.728	5.272	6.457	7.456	8.336	9.132

(3) 효율을 고려한 길어깨 횡단경사 및 종단 합성경사에 따른 다이크의 통수량 Q_i (ft^3/sec)

① 유량의 100%를 통수할 수 있는 집수거 길이

$$L_T = K \times Q^{0.42} \times S^{0.3} \times (1/nS_e)^{0.6}$$

여기서, L_T: 유량의 100%를 통수할 수 있는 집수거 길이(ft)

　　　　Q: 길어깨에 집수되는 총 유량(통수단면의 100%)(ft^3/sec)

　　　　K: 0.6

　　　　S: 종단경사

　　　　S_e: 복합 횡단경사

　　　　n: Manning 계수 = 0.015

경사(%)	1.0	2.0	3.0	4.0	5.0	6.0	비고
L_T	종단경사에 따른 집수거 길이						
0.3	3.314	4.638	5.395	5.924	6.327	6.651	
0.5	4.300	6.018	7.001	7.687	8.210	8.630	
1.0	6.123	8.570	9.969	10.946	11.691	12.290	
1.5	7.530	10.539	12.260	13.461	14.377	15.113	
2.0	8.720	12.205	14.197	15.588	16.649	17.501	
2.5	9.771	13.676	15.908	17.467	18.656	19.611	
3.0	10.723	15.008	17.458	19.169	20.474	21.522	
K	0.6	0.6	0.6	0.6	0.6	0.6	
$Q^{0.42}$	종단경사에 따른 유량						
0.3	0.446	0.723	0.960	1.173	1.370	1.561	
0.5	0.496	0.805	1.068	1.305	1.525	1.738	
1.0	0.574	0.931	1.236	1.510	1.764	2.010	
1.5	0.625	1.014	1.346	1.644	1.920	2.189	
2.0	0.664	1.077	1.429	1.747	2.040	2.325	
2.5	0.695	1.129	1.498	1.830	2.138	2.437	
3.0	0.723	1.173	1.556	1.902	2.221	2.532	
$(1/nS_e)^{0.6}$	70.815	61.066	53.531	48.098	43.984	40.566	

② 복합 횡단경사 산출

$$S_e = S_X + S_W{}' E_0$$

여기서, S_e: 복합 횡단경사

　　　　S_X: 길어깨 횡단경사

　　　　$S_W{}'$: 측구 횡단경사$(=a/12W)$

　　　　a: 측구 깊이(inch)

　　　　W: 집수구 유입되는 횡단경사 길이(ft)

　　　　E_0: 유효통수량 / 총통수량

$S_w{}' = a/12W$ 계산

길이(W) ＼ 경사(a)	1 4 5	2 4 6	3 4 7	4 4 8	5 4 9	6 4 10	(S_x) 비고 (S_w)
3.3	0.050	0.060	0.070	0.080	0.090	0.100	($S_w{}'$)

E_0 (측구 총 유효통수단면에 대한 유효통수단면의 비율) - 도표에 의하여 산정

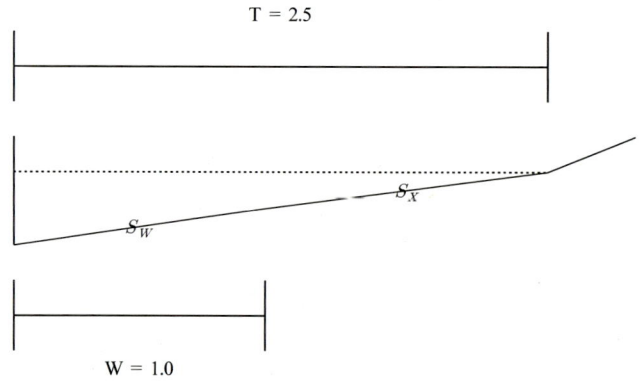

$S_W = S_X$ 계산

경사	1% 4% 5%	2% 4% 6%	3% 4% 7%	4% 4% 8%	5% 4% 9%	6% 4% 10%	(S_W) 비고 (S_X)
S_W/S_X	5.0	3.0	2.3	2.0	1.8	1.7	

E_0

S_W/S_X	5.0	3.0	2.3	2.0	1.8	1.7	비고
W/T(=0.4)	0.900	0.840	0.824	0.810	0.796	0.792	

S_e

경사(%)	1	2	3	4	5	6	비고
S_e	0.055	0.070	0.088	0.105	0.122	0.139	

③ 측구 길이에 대한 효율

$$E = 1 - (1 - L/L_T)^{1.8}$$

여기서, E: 효율(유효통수량 / 총통수량)

L: 측구 길이(ft)

a) L형 집수거 길이 = 2.40 m = 7.874 ft

b) T형 집수거 길이 = 5.00 m = 16.404 ft

경사(%)	1.0	2.0	3.0	4.0	5.0	6.0	비고
E	종단경사에 따른 집수거 길이의 효율(L형)						
0.3	1.000	1.000	1.000	1.000	1.000	1.000	
0.5	1.000	1.000	1.000	1.000	0.997	0.988	
1.0	1.000	0.989	0.940	0.898	0.867	0.842	
1.5	1.000	0.916	0.843	0.795	0.760	0.734	
2.0	0.985	0.845	0.767	0.718	0.684	0.659	
2.5	0.948	0.786	0.708	0.660	0.627	0.603	
3.0	0.908	0.738	0.660	0.614	0.583	0.560	
E	종단경사에 따른 집수거 길이의 효율(T형)						
0.3	1.000	1.000	1.000	1.000	1.000	1.000	
0.5	1.000	1.000	1.000	1.000	1.000	1.000	
1.0	1.000	1.000	1.000	1.000	1.000	1.000	
1.5	1.000	1.000	1.000	1.000	1.000	1.000	
2.0	1.000	1.000	1.000	1.000	0.999	0.993	
2.5	1.000	1.000	1.000	0.994	0.978	0.962	
3.0	1.000	1.000	0.994	0.969	0.945	0.925	

④ 유량

$$Q_i = Q \times E$$

여기서, Q_i: 효율을 고려한 길어깨에 집수되는 유량($ft^3/\sec$)

Q: 길어깨에 집수되는 총유량(통수단면의 100%)($ft^3/\sec$)

E: 효율

길어깨 횡단경사 및 종단 합성경사에 따른 다이크의 통수량 Q_i ($ft^3/\sec$) 계산 ($n=0.0150$)

길어깨 횡단경사	종단경사 0.3 (%)	0.5 (%)	1.0 (%)	1.5 (%)	2.0 (%)	2.5 (%)	3.0 (%)
Q_i	L형 집수거						
1.0	0.146	0.188	0.266	0.326	0.377	0.421	0.461
2.0	0.462	0.597	0.835	0.947	1.009	1.049	1.078
3.0	0.907	1.170	1.555	1.709	1.795	1.852	1.893
4.0	1.461	1.886	2.397	2.596	2.709	2.784	2.837
5.0	2.115	2.722	3.346	3.595	3.736	3.829	3.897
6.0	2.888	3.681	4.437	4.741	4.913	5.027	5.109
Q_i	T형 집수거						
1.0	0.146	0.188	0.266	0.326	0.377	0.421	0.461
2.0	0.462	0.597	0.844	1.034	1.193	1.334	1.462
3.0	0.907	1.170	1.655	2.027	2.341	2.617	2.848
4.0	1.461	1.886	2.668	3.267	3.773	4.191	4.479
5.0	2.115	2.730	3.861	4.729	5.458	5.969	6.323
6.0	2.888	3.728	5.272	6.457	7.405	8.016	8.443

■ 설치간격 계산

$$S = \frac{3.6 \times 10^6 \times Q_i}{C \times Y \times W}$$

여기서, S: 비탈면 도수로의 간격(m)

Q_i: 효율을 고려한 길어깨(또는 측구)의 허용통수량($ft^3/\sec$)

C: 유출계수(= 0.9 로 함)

Y: 설계강우강도(mm/hr)

W: 집수폭(m)

(1) 표준구간 및 곡선부 내측구간(본선 및 분리구간 2차로, 우측)

$$S = \frac{3.6 \times 10^6 \times Q_i}{C \times Y \times W}$$

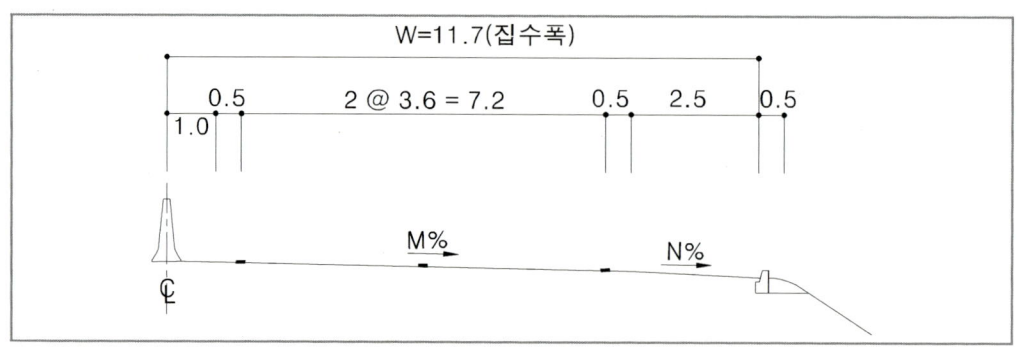

$$W = 11.7m = 38.39 \ ft$$

$$S = \frac{3.6 \times 10^6 \times Qi}{0.9 \times 125.0 \times 38.39} = 253.52Qi$$

① L형 집수구인 경우

설치계산/설치결정 (단위: m)

길어깨 횡단경사 \ 종단경사	0.3 (%)	0.5 (%)	1.0 (%)	1.5 (%)	2.0 (%)	2.5 (%)	3.0 (%)
4.0%	112.91	145.77	185.21	200.62	209.35	215.11	219.26
	110.0	140.0	150.0	150.0	150.0	150.0	150.0
5.0%	163.42	210.30	258.57	277.79	288.71	295.91	301.10
	150.0	150.0	150.0	150.0	150.0	150.0	150.0
6.0%	223.14	284.47	342.84	366.31	379.66	388.47	394.80
	150.0	150.0	150.0	150.0	150.0	150.0	150.0

※ 표준구간의 흙쌓기부 도수로 설치 최대간격은 150m로 하며, 부득이한 경우 조정할 수 있다.

② T형 집수구인 경우

1설치계산/설치결정 (단위: m)

길어깨 횡단경사 \ 종단경사	0.3 (%)	0.5 (%)	1.0 (%)	1.5 (%)	2.0 (%)	2.5 (%)	3.0 (%)
4.0%	112.91	145.77	206.15	252.48	291.53	323.83	346.12
	110.0	140.0	150.0	150.0	150.0	150.0	150.0
5.0%	163.42	210.97	298.36	365.41	421.73	461.26	488.56
	150.0	150.0	150.0	150.0	150.0	150.0	150.0
6.0%	223.14	288.07	407.39	498.95	572.19	619.40	652.44
	150.0	150.0	150.0	150.0	150.0	150.0	150.0

※ 표준구간의 흙쌓기부 도수로 설치 최대간격은 150m로 하며, 부득이한 경우 조정할 수 있다.

(2) 곡선부 외측구간(본선 2차로 구간)

$$S = \frac{3.6 \times 10^6 \times Qi}{C \times Y \times W}$$

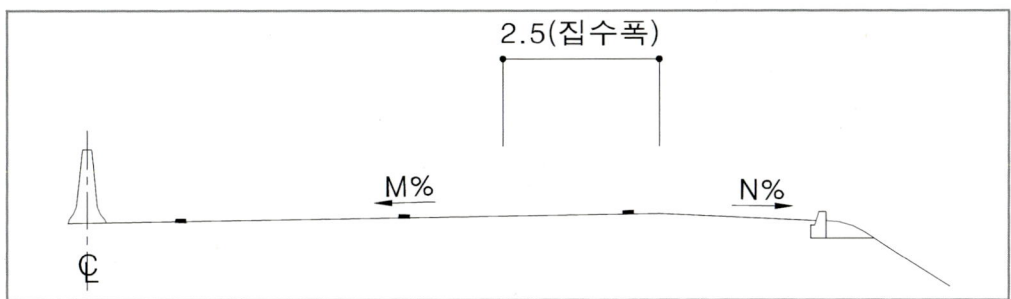

$$W = 2.5m = 8.20ft$$

$$S = \frac{3.6 \times 10^6 \times Qi}{0.9 \times 125.0 \times 8.20} = 1186.45Qi$$

① L형 집수구인 경우

설치계산/설치결정 (단위: m)

길어깨 횡단경사 \ 종단경사	0.3 (%)	0.5 (%)	1.0 (%)	1.5 (%)	2.0 (%)	2.5 (%)	3.0 (%)
1.0%	52.77	68.12	96.34	117.99	136.24	152.32	166.86
	50.0	60.0	90.0	110.0	130.0	150.0	160.0
2.0%	167.16	215.80	301.86	342.31	364.75	379.46	390.00
	160.0	210.0	300.0	300.0	300.0	300.0	300.0
3.0%	327.85	423.25	562.44	617.86	649.10	669.68	684.47
	300.0	300.0	300.0	300.0	300.0	300.0	300.0
4.0%	528.42	682.19	866.78	938.91	979.78	1006.73	1026.12
	300.0	300.0	300.0	300.0	300.0	300.0	300.0

※ 길어깨의 물만을 배제할 경우 흙쌓기부 도수로 설치 최대간격은 $300m$로 하며, 부득이한 경우 조정할 수 있다.

② T형 집수구인 경우

길어깨 횡단경사	종단경사 0.3 (%)	0.5 (%)	1.0 (%)	1.5 (%)	2.0 (%)	2.5 (%)	3.0 (%)
1.0%	52.77	68.12	96.34	117.99	136.24	152.32	166.86
	50.0	60.0	90.0	110.0	130.0	150.0	160.0
2.0%	167.16	215.80	305.19	373.78	431.61	482.55	528.61
	160.0	210.0	300.0	300.0	300.0	300.0	300.0
3.0%	327.85	423.25	598.56	733.09	846.50	946.41	1030.12
	300.0	300.0	300.0	300.0	300.0	300.0	300.0
4.0%	528.42	682.19	964.76	1181.59	1364.38	1515.54	1619.82
	300.0	300.0	300.0	300.0	300.0	300.0	300.0

※ 길어깨의 물만을 배제할 경우 흙쌓기부 도수로 설치 최대간격은 $300m$로 하며, 부득이한 경우 조정할 수 있다.

(3) 쌓기부 도수로 설치

도수로를 정해진 노선에서 종단경사와 횡단경사를 고려하여 앞에서 정한 설치간격별로 설치하고, 종단경사로 보아 일방향으로 집수가 이루어지는 부분은 L형을 설치하고 양방향으로 집수가 이루어지는 부분은 T형으로 설치한다.

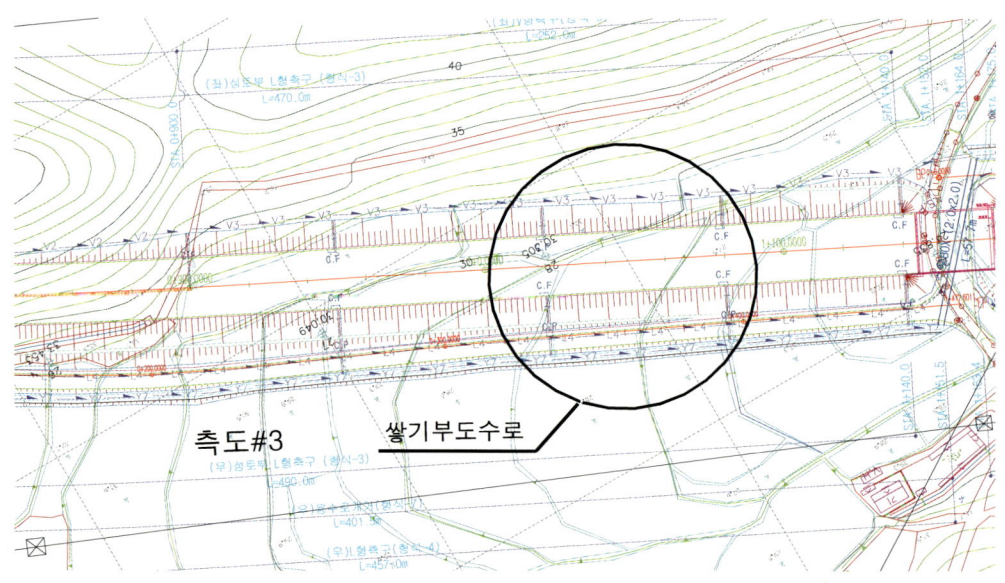

측도#3

쌓기부도수로

〈도수로의 설치 예〉

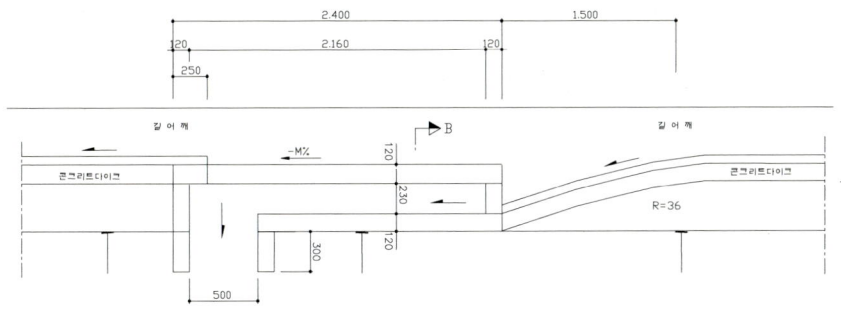

〈L형 집수거〉

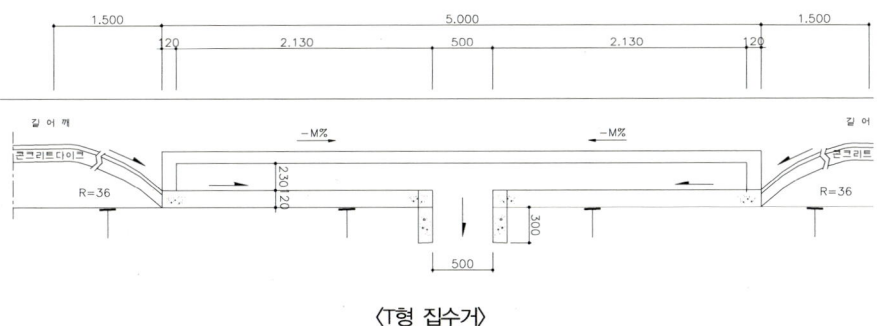

〈T형 집수거〉

5.2.2 깎기부 집수정 설치간격

■ 허용 통수량 계산

(1) 횡단경사에 따른 L형 측구의 통수량

$$Q = A \times \frac{1}{n} \times R^{2/3} \times I^{1/2}$$

횡단 경사	길어깨 횡단경사	길어깨폭 (B)m	수위 (H_1)m	통수면적 (A)m^2	윤변 (P)m	경심 (R)m	$R^{\frac{2}{3}}$	Q (m^3/sec)
1%	2%	2.5	0.05	0.0625	2.552701	0.02448	0.08431	$Q = 0.351292 \times I^{1/2}$
2%	3%	2.5	0.075	0.09375	2.579427	0.03635	0.10973	$Q = 0.685813 \times I^{1/2}$
3%	4%	2.5	0.1	0.125	2.606402	0.04796	0.132	$Q = 1.1 \times I^{1/2}$
4%	5%	2.5	0.125	0.15625	2.633627	0.05933	0.15212	$Q = 1.584583 \times I^{1/2}$
5%	6%	2.5	0.15	0.1875	2.661101	0.07046	0.17059	$Q = 2.132375 \times I^{1/2}$
6%	7%	2.5	0.175	0.21875	2.688823	0.08136	0.18776	$Q = 2.738167 \times I^{1/2}$

(2) 횡단 및 종단의 합성경사에 따른 L형 측구 통수량

(m^3/sec)

종단경사 횡단경사	0.5 (%)	0.7 (%)	1.0 (%)	1.5 (%)	2.0 (%)	2.5 (%)	3.0 (%)
2%	0.02484	0.02940	0.03513	0.04303	0.04967	0.05554	0.06084
3%	0.04849	0.05740	0.06858	0.08401	0.09697	0.10843	0.11878
4%	0.07777	0.09207	0.11000	0.13475	0.15554	0.17391	0.19052
5%	0.11203	0.13263	0.15846	0.19411	0.22406	0.25052	0.27445
6%	0.15076	0.17848	0.21324	0.26122	0.30152	0.33713	0.36933
7%	0.19359	0.22918	0.27382	0.33543	0.38718	0.43290	0.47425

(3) R_f 결정

집수구 길이$(L) = 1.20m \times 1ft / 0.3048 = 3.94ft$

길어깨 유속(V) $V = \dfrac{1}{n} \times R^{2/3} \times I^{1/2}$

(ft/sec)

종단경사 횡단경사	0.5 (%)	0.7 (%)	1.0 (%)	1.5 (%)	2.0 (%)	2.5 (%)	3.0 (%)
2%	1.30374	1.54347	1.84405	2.25896	2.60749	2.91544	3.19390
3%	1.69683	2.00884	2.40004	2.94005	3.39366	3.79447	4.15688
4%	2.04121	2.41654	2.88714	3.53675	4.08241	4.56457	5.00052
5%	2.35234	2.78487	3.32721	4.07583	4.70467	5.26032	5.76273
6%	2.63795	3.12301	3.73119	4.57071	5.27590	5.89901	6.46242
7%	2.90346	3.43734	4.10674	5.03075	5.80693	6.49275	7.11287

$V < 7.1$ 이면 $R_f = 1.0$

$R_f = 1 - 0.09(V - V_o)$ 계산

종단경사 횡단경사	0.5 (%)	0.7 (%)	1.0 (%)	1.5 (%)	2.0 (%)	2.5 (%)	3.0 (%)
2%	1.0000	1.0000	1.0000	1.0000	1.0000	1.0000	1.0000
3%	1.0000	1.0000	1.0000	1.0000	1.0000	1.0000	1.0000
4%	1.0000	1.0000	1.0000	1.0000	1.0000	1.0000	1.0000
5%	1.0000	1.0000	1.0000	1.0000	1.0000	1.0000	1.0000
6%	1.0000	1.0000	1.0000	1.0000	1.0000	1.0000	1.0000
7%	1.0000	1.0000	1.0000	1.0000	1.0000	1.0000	1.0000

(4) E_o 결정

$$E_o = 1 - (1 - W/T)^{2.67}$$

여기서, 집수정 폭 $- 0.70 \ m$, T: 수로 폭 $- 2.50 \ m$, $E_o = 1 - (1 - 0.7/2.5)^{2.67} = 0.584$

(5) R_s 결정

$R_s = 1/(1 + (0.15V^{1.8}/S_x L^{2.3}))$ 를 이용하여 산출

여기서, V: 길어깨 유속(ft/sec)

　　　　S_x: 수로 횡경사

집수구 길이(L) $= 1.20m \times 1ft/0.3048 = 3.94ft$

종단경사 횡단경사	0.5 (%)	0.7 (%)	1.0 (%)	1.5 (%)	2.0 (%)	2.5 (%)	3.0 (%)
2%	0.65957	0.58845	0.50932	0.41872	0.35749	0.31276	0.27860
3%	0.64394	0.57167	0.49210	0.40206	0.34183	0.29815	0.26497
4%	0.63358	0.56064	0.48088	0.39131	0.33179	0.28884	0.25631
5%	0.62606	0.55269	0.47284	0.38366	0.32469	0.28227	0.25022
6%	0.62044	0.54676	0.46688	0.37802	0.31946	0.27744	0.24575
7%	0.61608	0.54218	0.46228	0.37368	0.31546	0.27375	0.24235

(6) 유출량(Q_i) 결정

$$Q_i = Q \times [R_f E_0 + R_s (1 - E_o)]$$

(m^3/sec)

종단경사 횡단경사	0.5 (%)	0.7 (%)	1.0 (%)	1.5 (%)	2.0 (%)	2.5 (%)	3.0 (%)
2%	0.02132	0.02437	0.02796	0.03263	0.03640	0.03966	0.04258
3%	0.04131	0.04717	0.05409	0.06311	0.07042	0.07677	0.08246
4%	0.06592	0.07524	0.08625	0.10063	0.11230	0.12246	0.13158
5%	0.09460	0.10795	0.12371	0.14434	0.16112	0.17572	0.18885
6%	0.12695	0.14483	0.16595	0.19363	0.21616	0.23579	0.25345
7%	0.16267	0.18554	0.21257	0.24803	0.27692	0.30212	0.32477

■ 설치간격 계산

(1) 초기 집수정 설치 위치

$$S = 3.6 \times 10^6 \times Q / (Y \times (C_1 \times W_1 + C_2 \times W_2))$$

S: 도수로 간격(m)

Q: 집수정의 배수용량($m^3/\sec$)

C_1: 유출계수 (0.9) 포장부

C_2: 유출계수 (0.8) 깎기부

Y: 강우강도(5년 빈도): 125 mm/hr(서울측후소 적용)

W_1: 집수폭 (12.24)

① 절개부 폭원이 15.0m인 경우

㉮ 표준구간 및 곡선부 내측구간

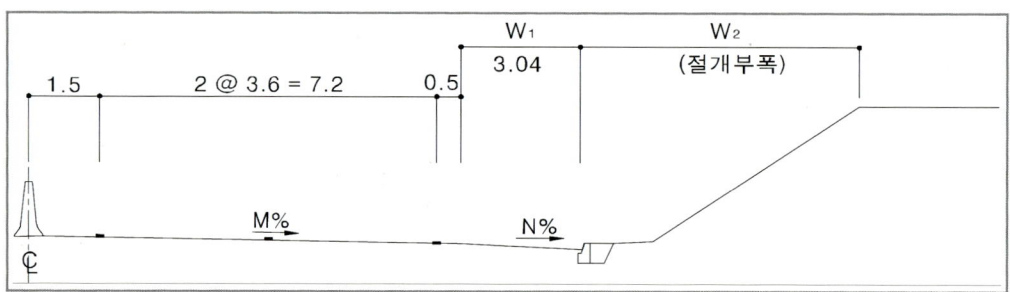

W_2: 집수폭(15.00)

$$S = 3.6 \times 106 \times Q / (125 \times (0.9 \times 12.24 + 0.8 \times 15.0)) = 1251.30\,Q$$

횡단경사 \ 종단경사	0.5 (%)	0.7 (%)	1.0 (%)	1.5 (%)	2.0 (%)	2.5 (%)	3.0 (%)
5%	140.18	165.96	198.28	242.89	280.37	313.48	343.42
	140	160	190	240	280	310	340
6%	188.64	223.33	266.82	326.86	377.29	421.85	462.14
	180	220	260	320	370	420	460
7%	242.24	286.78	342.63	419.72	484.47	541.69	593.43
	240	280	340	410	480	540	590

㉯ 곡선부 외측구간

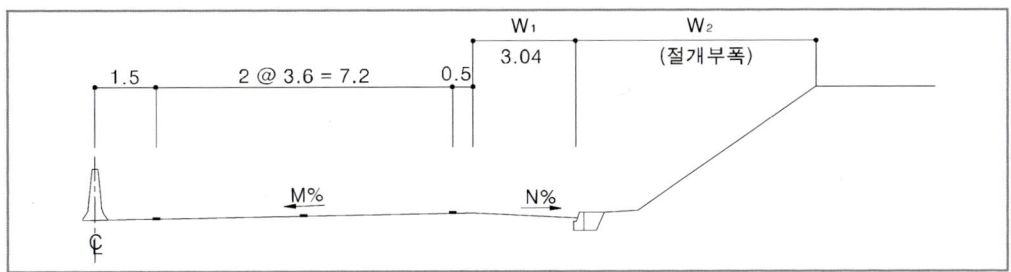

W_1: 집수폭(3.04), W_2: 집수폭(15.00)

$$S = 3.6 \times 106 \times Q / (125 \times (0.9 \times 3.04 + 0.8 \times 15.0)) = 1954.40\,Q$$

횡단경사 \ 종단경사	0.5 (%)	0.7 (%)	1.0 (%)	1.5 (%)	2.0 (%)	2.5 (%)	3.0 (%)
2%	48.54	57.47	68.66	84.10	97.08	108.55	118.91
	40	50	60	80	90	100	110
3%	94.76	112.19	134.04	164.19	189.53	211.91	232.15
	90	110	130	160	180	210	230
4%	151.99	179.94	214.98	263.36	303.99	339.89	372.35
	150	170	210	260	300	330	370
5%	218.95	259.21	309.69	379.37	437.90	489.62	536.38
	210	250	300	370	430	480	530

(2) 집수정 간격

$$S = 3.6 \times 10^6 \times Q_i / (Y \times (C_1 \times W_1 + C_2 \times W_2))$$

S: 도수로 간격(m), Q_i: 집수정의 배수용량($m^3/\sec$)

C_1: 유출계수 (0.9) 포장부, C_2: 유출계수 (0.8) 깎기부

Y: 강우강도(5년 빈도): $125mm/hr$(서울측후소 적용)

W_1: 집수폭(12.24)

① 절개부 폭원이 $15.0m$인 경우

㉮ 표준구간 및 곡선부 내측구간

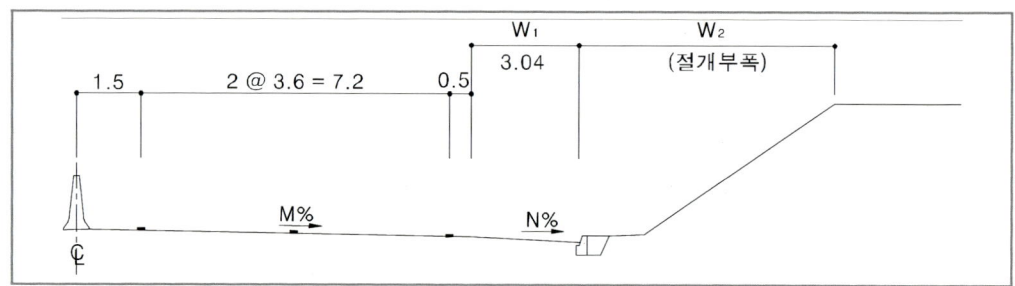

W_2: 집수폭 (15.00)

$$S = 3.6 \times 106 \times Q_i / (125 \times (0.9 \times 12.24 + 0.8 \times 15.0)) = 1251.30 Q_i$$

설치계산/설치결정 (단위: m)

횡단경사 \ 종단경사	0.5 (%)	0.7 (%)	1.0 (%)	1.5 (%)	2.0 (%)	2.5 (%)	3.0 (%)
5%	118.38	135.08	154.80	180.62	201.60	219.88	236.30
	50	50	50	50	50	50	50
6%	158.86	181.22	207.65	242.29	270.48	295.05	317.14
	50	50	50	50	50	50	50
7%	203.55	232.16	265.98	310.36	346.51	378.04	406.39
	50	50	50	50	50	50	50

※ 1) L형 측구의 길이가 설치결정 이하인 경우는 집수정을 설치하지 않는다.
  2) 설치결정 위치에 집수정을 설치하여 횡배수관으로 우수를 배제한다.
  3) 횡배수관을 설치할 수 없는 경우 첫 번째 집수정을 설치하고, 그 이후에는 보수 및 유지 관리를 위하여 $50m$ 간격으로 집수정을 설치하여 종방향 배수관을 통하여 우수를 배제한다.

Ⓝ 곡선부 외측구간

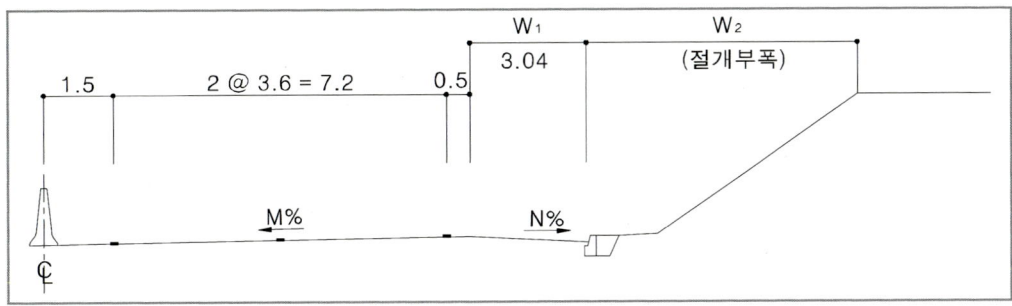

W_1: 집수폭(3.04), W_2: 집수폭(15.00)

$S = 3.6 \times 106 \times Q_i / (125 \times (0.9 \times 3.04 + 0.8 \times 15.0)) = 1954.40 \ Q_i$

설치계산/설치결정 (단위: m)

횡단경사 \ 종단경사	0.5 (%)	0.7 (%)	1.0 (%)	1.5 (%)	2.0 (%)	2.5 (%)	3.0 (%)
2%	41.67	47.63	54.64	63.77	71.13	77.51	83.23
	40	40	50	50	50	50	50
3%	80.73	92.20	105.72	123.35	137.63	150.04	161.16
	50	50	50	50	50	50	50
4%	128.82	147.05	168.56	196.67	219.49	239.34	257.16
	50	50	50	50	50	50	50
5%	184.89	210.98	241.78	282.10	314.88	343.43	369.08
	50	50	50	50	50	50	50

1) L형 측구의 길이가 설치결정 이하인 경우는 집수정을 설치하지 않는다.
2) 설치결정 위치에 집수정을 설치하여 횡배수관으로 우수를 배제한다.
3) 횡배수관을 설치할 수 없는 경우 첫 번째 집수정을 설치하고, 그 이후에는 보수 및 유지관리를 위하여 50m 간격으로 집수정을 설치하여 종방향 배수관을 통하여 우수를 배제한다.

5.2.3 L형 측구 집수정 설치간격 계산

■ 허용 통수량 계산

▨ 길어깨 폭 내에 L형 측구 저판 포함(R=1,500m 이상), 본선, 분리구간: 2차로

(1) 횡단경사에 따른 L형 측구의 통수량

$$Q = A \times \frac{1}{n} \times R^{2/3} \times I^{1/2}$$

횡단경사	수위 $(H_1)m$	수위 $(H_2)m$	통수면적 $(A)m^2$	윤 변 $(P)m$	경 심 $(R)m$	$R^{\frac{2}{3}}$	Q (m^3/sec)
1%	0.015	0.115	0.07625	2.62006	0.02910	0.094613	$Q = 0.48095 \times I^{1/2}$
2%	0.030	0.130	0.10250	2.63529	0.03890	0.114797	$Q = 0.78445 \times I^{1/2}$
3%	0.045	0.145	0.12875	2.65066	0.04857	0.133126	$Q = 1.14266 \times I^{1/2}$
4%	0.060	0.160	0.15500	2.66619	0.05814	0.150070	$Q = 1.55072 \times I^{1/2}$
5%	0.075	0.175	0.18125	2.68186	0.06758	0.165918	$Q = 2.00485 \times I^{1/2}$
6%	0.090	0.190	0.20750	2.69769	0.07692	0.180863	$Q = 2.50194 \times I^{1/2}$

(2) 횡단 및 종단의 합성경사에 따른 L형 측구 통수량

(m^3/sec)

횡단경사 \ 종단경사	0.5 (%)	0.7 (%)	1.0 (%)	1.5 (%)	2.0 (%)	2.5 (%)	3.0 (%)
1%	0.0340	0.0402	0.0481	0.0589	0.0680	0.0760	0.0833
2%	0.0555	0.0656	0.0784	0.0961	0.1109	0.1240	0.1359
3%	0.0808	0.0956	0.1143	0.1399	0.1616	0.1807	0.1979
4%	0.1097	0.1297	0.1551	0.1899	0.2193	0.2452	0.2686
5%	0.1418	0.1677	0.2005	0.2455	0.2835	0.3170	0.3472
6%	0.1769	0.2093	0.2502	0.3064	0.3538	0.3956	0.4333

(3) R_f 결정

집수구 길이(L) $L = 1.20m \times 1ft / 0.3048 = 3.94ft$

길어깨 유속(V). $V = \frac{1}{n} \times R^{2/3} \times I^{1/2}$

(ft/sec)

횡단경사 \ 종단경사	0.5 (%)	0.7 (%)	1.0 (%)	1.5 (%)	2.0 (%)	2.5 (%)	3.0 (%)
1%	1.4633	1.7314	2.0694	2.5345	2.9266	3.2720	3.5843
2%	1.7755	2.1007	2.5109	3.0752	3.5509	3.9700	4.3490
3%	2.0589	2.4362	2.9118	3.5662	4.1179	4.6039	5.0433
4%	2.3210	2.7462	3.2824	4.0201	4.6420	5.1899	5.6852
5%	2.5661	3.0362	3.6290	4.4446	5.1322	5.7380	6.2856
6%	2.7972	3.3097	3.9559	4.8450	5.5945	6.2548	6.8518

$V < 7.1$ 이면 $R_f = 1.0,\ R_f = 1 - 0.09(V - V_o)$

종단경사 횡단경사	0.5 (%)	0.7 (%)	1.0 (%)	1.5 (%)	2.0 (%)	2.5 (%)	3.0 (%)
1%	1.0000	1.0000	1.0000	1.0000	1.0000	1.0000	1.0000
2%	1.0000	1.0000	1.0000	1.0000	1.0000	1.0000	1.0000
3%	1.0000	1.0000	1.0000	1.0000	1.0000	1.0000	1.0000
4%	1.0000	1.0000	1.0000	1.0000	1.0000	1.0000	1.0000
5%	1.0000	1.0000	1.0000	1.0000	1.0000	1.0000	1.0000
6%	1.0000	1.0000	1.0000	1.0000	1.0000	1.0000	1.0000

(4) E_o 결정

$E_o = 1 - (1 - W/T)^{2.67}$

여기서, W: 집수정 폭 - 0.70m, T: 수로 폭 - 2.50m

$E_o = 1 - (1 - 0.7/2.5)^{2.67} = 0.584$

(5) R_s 결정

$R_s = 1/(1 + (0.15 V^{1.8} / S_x L^{2.3}))$ 를 이용하여 산출

여기서, V: 길어깨 유속 ($ft/\sec$),

S_x: 수로 횡경사

집수구 길이(L) = 1.20m × 1ft / 0.3048 = 3.94$ft3$

종단경사 횡단경사	0.5 (%)	0.7 (%)	1.0 (%)	1.5 (%)	2.0 (%)	2.5 (%)	3.0 (%)
1%	0.4400	0.3672	0.2963	0.2262	0.1841	0.1558	0.1354
2%	0.5259	0.4504	0.3728	0.2921	0.2416	0.2067	0.1811
3%	0.5604	0.4849	0.4058	0.3217	0.2679	0.2304	0.2026
4%	0.5780	0.5030	0.4233	0.3376	0.2823	0.2434	0.2145
5%	0.5883	0.5136	0.4337	0.3471	0.2910	0.2513	0.2217
6%	0.5949	0.5203	0.4404	0.3533	0.2966	0.2565	0.2265

(6) 유출량(Q_i) 결정

$$Q_i = Q \times [R_f E_0 + R_s(1 - E_o)]$$

(m^3/sec)

종단경사 횡단경사	0.5 (%)	0.7 (%)	1.0 (%)	1.5 (%)	2.0 (%)	2.5 (%)	3.0 (%)
1%	0.0261	0.0296	0.0340	0.0399	0.0449	0.0493	0.0533
2%	0.0445	0.0506	0.0580	0.0678	0.0759	0.0831	0.0896
3%	0.0660	0.0751	0.0860	0.1005	0.1124	0.1228	0.1323
4%	0.0904	0.1029	0.1179	0.1376	0.1538	0.1680	0.1808
5%	0.1175	0.1338	0.1533	0.1789	0.1999	0.2183	0.2348
6%	0.1471	0.1676	0.1920	0.2240	0.2503	0.2732	0.2939

■ 설치간격 계산

(1) 초기 집수정 설치 위치(도로폭 B = 11.70m)

$$S = 3.6 \times 10^6 \times Q / (Y \times (C_1 \times W_1 + C_2 \times W_2))$$

여기서, S: 도수로 간격(m), Q: 집수정의 배수용량(m^3/sec)

$\quad\quad\quad C_1$: 유출계수 (0.9) 포장부, C_2: 유출계수 (0.8) 땅깎기부

$\quad\quad\quad Y$: 강우강도(5년 빈도): 125mm/hr(서울측후소 적용), W_1: 집수폭 (12.24)

① 절개부 폭원이 15.0m인 경우

㉮ 표준구간 및 곡선부 내측구간

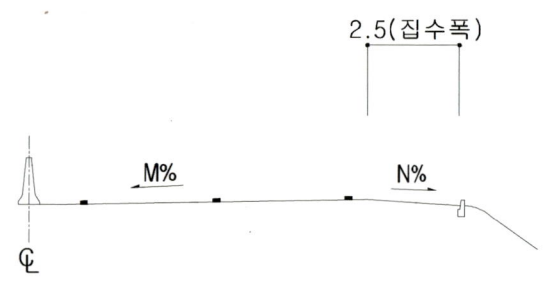

W_2: 집수폭(15.00m)

$$S = 3.6 \times 10^6 \times Q / (125 \times (0.9 \times 12.24 + 0.8 \times 15.0)) = 1251.30 \ Q$$

횡단경사 \ 종단경사	0.5 (%)	0.7 (%)	1.0 (%)	1.5 (%)	2.0 (%)	2.5 (%)	3.0 (%)
4%	137	162	194	238	274	307	336
	130	160	190	230	270	300	330
5%	177	210	251	307	355	397	435
	170	210	250	300	350	390	430
6%	221	262	313	383	443	495	542
	220	260	310	380	440	490	540

㉯ 곡선부 외측구간

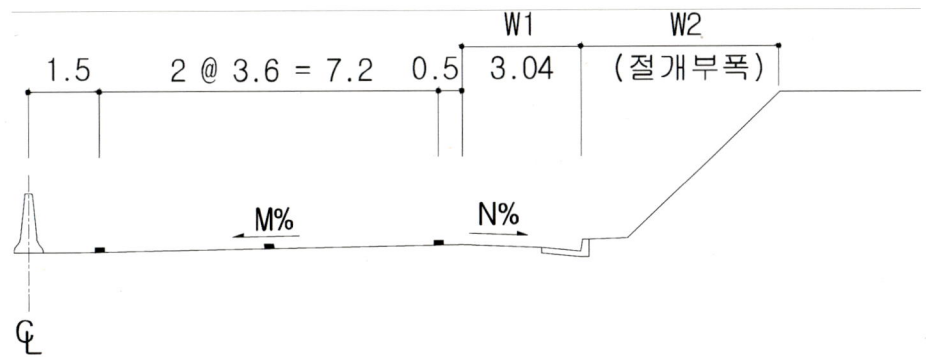

여기서, W_1: 집수폭(3.04), W_2: 집수폭(15.00)

$$S = 3.6 \times 10^6 \times Q / (125 \times (0.9 \times 3.04 + 0.8 \times 15.0)) = 1954.40 \ Q$$

종단경사 횡단경사	0.5 (%)	0.7 (%)	1.0 (%)	1.5 (%)	2.0 (%)	2.5 (%)	3.0 (%)
1%	66	79	94	115	133	149	163
	60	70	90	110	130	140	160
2%	108	128	153	188	217	242	266
	100	120	150	180	210	240	260
3%	158	187	223	274	316	353	387
	150	180	220	270	310	350	380
4%	214	254	303	371	429	479	525
	210	250	300	370	420	470	520

(2) 집수정 간격(도로폭 B = 11.70m)

$$S = 3.6 \times 10^6 \times Q_i / (Y \times (C_1 \times W_1 + C_2 \times W_2))$$

여기서, S: 도수로 간격(m), Q_i: 집수정의 배수용량(m^3/sec)

C_1: 유출계수(0.9) 포장부, C_2: 유출계수(0.8) 땅깎기부

Y: 강우강도(5년 빈도): $125mm/hr$(서울측후소 적용), W_1: 집수폭(12.24)

① 절개부 폭원이 15.0m인 경우

㉮ 표준구간 및 곡선부 내측구간

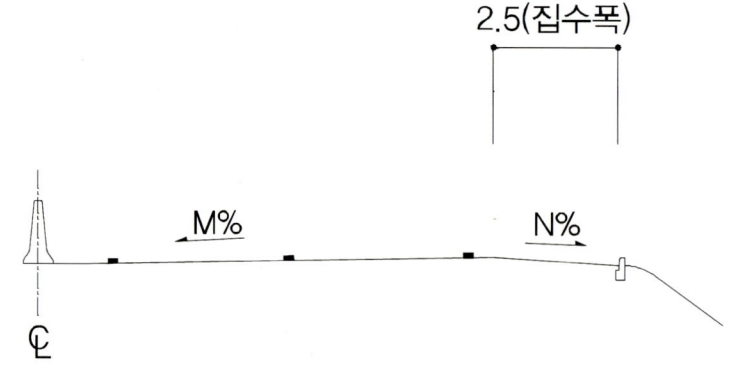

W_2: 집수폭 (15.00)

$$S = 3.6 \times 106 \times Q_i / (125 \times (0.9 \times 12.24 + 0.8 \times 15.0)) = 1251.30 \ Q_i$$

설치계산/설치결정 (단위: m)

종단경사 / 횡단경사	0.5 (%)	0.7 (%)	1.0 (%)	1.5 (%)	2.0 (%)	2.5 (%)	3.0 (%)
4%	113	129	148	172	192	210	226
	50	50	50	50	50	50	50
5%	147	167	192	224	250	273	294
	50	50	50	50	50	50	50
6%	184	210	240	280	313	342	368
	50	50	50	50	50	50	50

1) L형 측구의 길이가 설치결정 이하인 경우는 집수정을 설치하지 않는다.
2) 설치결정 위치에 집수정을 설치하여 횡배수관으로 우수를 배제한다.
3) 횡배수관을 설치할 수 없는 경우 첫 번째 집수정을 설치하고, 그 이후에는 보수 및 유지관리를 위하여 50m 간격으로 집수정을 설치하여 종방향 배수관을 통하여 우수를 배제한다.

④ 곡선부 외측구간

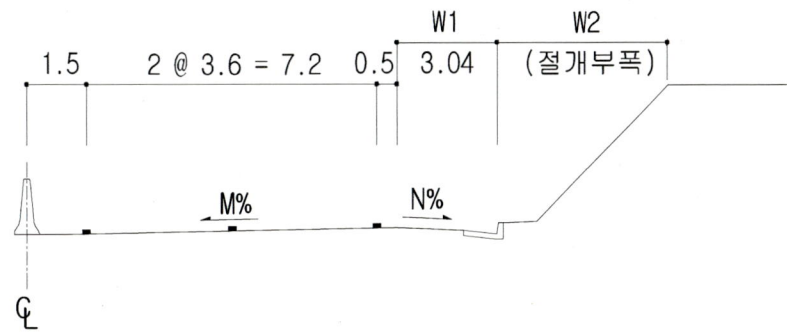

W_1: 집수폭(3.04), W_2: 집수폭(15.00)

$$S = 3.6 \times 106 \times Q_i / (125 \times (0.9 \times 3.04 + 0.8 \times 15.0)) = 1954.40 \ Q_i$$

종단경사 횡단경사	0.5 (%)	0.7 (%)	1.0 (%)	1.5 (%)	2.0 (%)	2.5 (%)	3.0 (%)
1%	51	58	66	78	88	96	104
	50	50	50	50	50	50	50
2%	87	99	113	133	148	162	175
	50	50	50	50	50	50	50
3%	129	147	168	196	220	240	259
	50	50	50	50	50	50	50
4%	177	201	230	269	301	328	353
	50	50	50	50	50	50	50

1) L형 측구의 길이가 설치결정 이하인 경우는 집수정을 설치하지 않는다.
2) 설치결정 위치에 집수정을 설치하여 횡배수관으로 우수를 배제한다.
3) 횡배수관을 설치할 수 없는 경우 첫 번째 집수정을 설치하고, 그 이후에는 보수 및 유지관리를 위하여 50m 간격으로 집수정을 설치하여 종방향 배수관을 통하여 우수를 배제한다.

5.2.4 중앙분리대 집수정 설치간격

■ 허용 통수량 계산

(1) 중분대 횡단경사에 따른 통수량

$$Q = A \times \frac{1}{n} \times R^{2/3} \times 1^{1/2}$$

(2) 횡단경사 및 종단 합성경사에 따른 중분대 통수량($m^3/\sec$)

$(m^3/\sec)$

종단경사 횡단경사	0.3 (%)	0.5 (%)	1.0 (%)	1.5 (%)	2.0 (%)	2.5 (%)	3.0 (%)
1%	0.00562	0.00665	0.00795	0.00974	0.01124	0.01257	0.01377
2%	0.00809	0.00957	0.01144	0.01401	0.01617	0.01808	0.01981
3%	0.01089	0.01289	0.01540	0.01886	0.02177	0.02434	0.02667
4%	0.01400	0.01658	0.01981	0.02426	0.02800	0.03131	0.03430
5%	0.01741	0.02061	0.02463	0.03017	0.03482	0.03893	0.04265
6%	0.02109	0.02497	0.02983	0.03655	0.04219	0.04717	0.05167

횡단경사	중분대 횡단경사	중분대 폭원 (B)m	수위 (H)m	통수면적 (A)	윤변 (P)m	경심 (R)m	R²ᐟ³	Q (m^3/sec)
1	6	0.695	0.0467	0.019216	1.242975	0.01546	0.06206	Q = 0.079502 × IL
2	6	0.695	0.0517	0.023941	1.24805	0.01918	0.07165	Q = 0.114357× I$^{1/2}$
3	6	0.695	0.0567	0.028666	1.253175	0.02287	0.08057	Q = 0.153973 × I$^{1/2}$
4	6	0.695	0.0617	0.033391	1.25835	0.02654	0.08897	Q = 0.198052 × I$^{1/2}$
5	6	0.695	0.0667	0.038116	1.263574	0.03017	0.09691	Q = 0.246253 × I$^{1/2}$
6	6	0.695	0.0717	0.042841	1.268849	0.03376	0.10446	SQ = 0.298343 × I$^{1/2}$

(3) R_f 결정

집수구 길이(L) L = 0.70m × 1ft / 0.3048 = 2.30ft

길어깨 유속(V) $V = \dfrac{1}{n} \times R^{2/3} \times 1^{1/2}$

(ft/sec)

종단경사 \ 횡단경사	0.3 (%)	0.5 (%)	1.0 (%)	1.5 (%)	2.0 (%)	2.5 (%)	3.0 (%)
1%	0.95968	1.13614	1.35739	1.66281	1.91935	2.14604	2.35100
2%	1.10797	1.31170	1.56715	1.91976	2.21595	2.47766	2.71430
3%	1.24591	1.47500	1.76225	2.15875	2.49182	2.78611	3.05221
4%	1.37580	1.62878	1.94598	2.38382	2.75161	3.07659	3.37043
5%	1.49859	1.77414	2.11964	2.59656	2.99717	3.35115	3.67122
6%	1.61534	1.91236	2.28478	2.79885	3.23067	3.61223	3.95723

$V < 5.3$ 이면 $R_f = 1.0$

$R_f = 1-0.09(V - V_0)$

종단경사 \ 횡단경사	0.3 (%)	0.5 (%)	1.0 (%)	1.5 (%)	2.0 (%)	2.5 (%)	3.0 (%)
1%	1.0000	1.0000	1.0000	1.0000	1.0000	1.0000	1.0000
2%	1.0000	1.0000	1.0000	1.0000	1.0000	1.0000	1.0000
3%	1.0000	1.0000	1.0000	1.0000	1.0000	1.0000	1.0000
4%	1.0000	1.0000	1.0000	1.0000	1.0000	1.0000	1.0000
5%	1.0000	1.0000	1.0000	1.0000	1.0000	1.0000	1.0000
6%	1.0000	1.0000	1.0000	1.0000	1.0000	1.0000	1.0000

(4) E_0 결정

$$E_0 = 1 - (1 - W/T)^{2.67}$$

여기서, W: 집수정폭 - 0.450m, T: 수로폭 - 1.195m

E_0 = 1 - (1 - 0.45/1.195)2.67 = 0.717

(5) R_S 결정

$R_S = 1 / \{ 1 + (0.15 V^{1.8} / S_x L^{2.3})\}$를 이용하여 산출

여기서, V: 길어깨 유속 ($ft/\sec^2$), S: 수로 횡경사

집수구 길이(L) = 0.70m × 1ft/0.3048 = 2.30ft

횡단경사 \\ 종단경사	0.3 (%)	0.5 (%)	1.0 (%)	1.5 (%)	2.0 (%)	2.5 (%)	3.0 (%)
1%	0.32777	0.26462	0.20712	0.15347	0.12283	0.10276	0.08858
2%	0.42953	0.35719	0.28743	0.21872	0.17778	0.15028	0.13050
3%	0.47764	0.40292	0.32880	0.25371	0.20798	0.17681	0.15416
4%	0.50492	0.42943	0.35333	0.27493	0.22653	0.19326	0.16894
5%	0.52222	0.44648	0.36931	0.28896	0.23890	0.20429	0.17889
6%	0.53400	0.45820	0.38039	0.29877	0.24760	0.21209	0.18594

(6) 유출량(Q_i) 결정

$$Q_i = Q \times [R_f E_0 + R_s (1 - E_0)]$$

$(m^3/\sec)$

횡단경사 \\ 종단경사	0.3 (%)	0.5 (%)	1.0 (%)	1.5 (%)	2.0 (%)	2.5 (%)	3.0 (%)
1%	0.00455	0.00527	0.00617	0.00741	0.00845	0.00938	0.01022
2%	0.00678	0.00783	0.00913	0.01091	0.01241	0.01373	0.01493
3%	0.00928	0.01071	0.01247	0.01488	0.01689	0.01867	0.02028
4%	0.01204	0.01390	0.01618	0.01928	0.02187	0.02416	0.02623
5%	0.01506	0.01738	0.02023	0.02410	0.02732	0.03017	0.03274
6%	0.01831	0.02114	0.02460	0.02929	0.03320	0.03665	0.03977

■ 설치간격 계산

(1) 초기 집수정 설치 위치

$S = 3.6 \times 106 \times Q / (C \times Y \times W)$

S: 집수정 간격(m), Q: 측대의 배수용량(m^3/sec), C: 유출계수 (0.9)
Y: 강우강도(5년 빈도): $125mm/hr$(서울측후소 적용), W: 집수폭(9.20)

S = 3.6 × 106 × Q / (0.9×125×9.2)= 3478.26Q

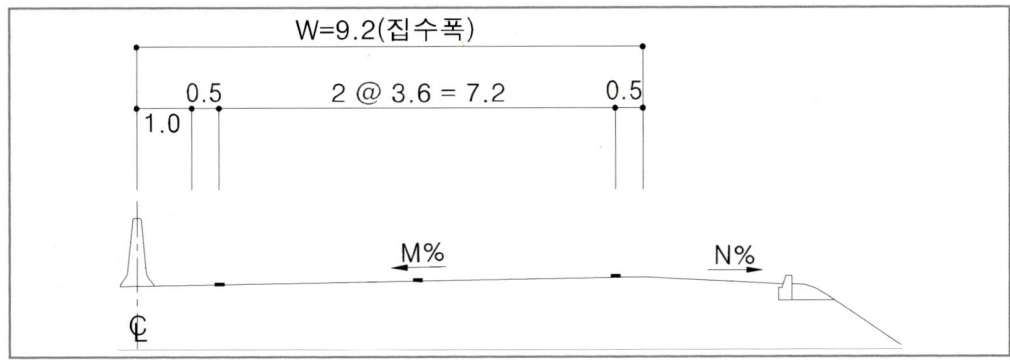

설치계산/설치결정 (단위: m)

종단경사 / 횡단경사	0.3 (%)	0.5 (%)	1.0 (%)	1.5 (%)	2.0 (%)	2.5 (%)	3.0 (%)
1.0%	19.55	23.15	27.65	33.87	39.10	43.72	47.89
	10	20	20	30	30	40	40
2.0%	28.12	33.29	39.78	48.73	56.24	62.89	68.89
	20	30	30	40	50	60	60
3.0%	37.86	44.83	53.56	65.61	75.73	84.67	92.76
	30	40	50	60	70	80	90
4.0%	48.70	57.66	68.89	84.39	97.41	108.91	119.31
	40	50	60	80	90	100	110
5.0%	60.56	71.69	85.65	104.93	121.11	135.42	148.35
	60	70	80	100	120	130	140
6.0%	73.37	86.86	103.77	127.12	146.73	164.06	179.73
	70	80	100	120	140	160	170

(2) 집수정 설치간격

$$S = 3.6 \times 106 \times Q_i / (C \times Y \times W)$$

S: 집수정 간격(m), Q_i: 측대의 배수용량(m^3/sec), C: 유출계수 (0.9)

Y: 강우강도(5년 빈도): 125 mm/hr(서울측후소 적용), W: 집수폭 (9.20)

S = 3.6 × 106 × Q_i / (0.9 × 125 × 9.2)= 3478.26 Q_i

설치계산/설치결정 (단위: m)

횡단경사 \ 종단경사	0.3 (%)	0.5 (%)	1.0 (%)	1.5 (%)	2.0 (%)	2.5 (%)	3.0 (%)
1.0%	15.83	18.33	21.45	25.76	29.39	32.62	35.54
	10	10	20	20	20	30	30
2.0%	23.58	27.24	31.76	37.95	43.16	47.76	51.94
	20	20	30	30	30	30	30
3.0%	32.27	37.25	43.38	51.75	58.75	64.95	70.56
	30	30	30	30	30	30	30
4.0%	41.88	48.35	56.28	67.07	76.09	84.05	91.25
	30	30	30	30	30	30	30
5.0%	52.37	60.46	70.37	83.81	95.03	104.92	113.88
	30	30	30	30	30	30	30
6.0%	63.69	73.54	85.58	101.89	115.49	127.48	138.33
	30	30	30	30	30	30	30

※ 집수정과 집수정의 최대간격은 30m, 최소간격은 5m로 한다(단, 관의 길이를 감안하여 조정 가능).

5.2.5 중앙분리대 집수정 설치간격 계산

■ 허용 통수량 계산

(1) 중분대 횡단경사에 따른 통수량(중앙분리대 규격변경 적용)

$$Q = A \times \frac{1}{n} \times R^{2/3} \times 1^{1/2}$$

횡단경사	수위 (H)m	통수면적 (A)m²	윤변 (P)m	경심 (R)m	R²/³	Q (m³/sec)
1%	0.005	0.00473	1.20002	0.00394	0.024952	$Q = 0.00787 \times I^{1/2}$
2%	0.010	0.00945	1.20510	0.00784	0.039470	$Q = 0.02487 \times I^{1/2}$
3%	0.015	0.01418	1.21022	0.01172	0.051587	$Q = 0.04877 \times I^{1/2}$
4%	0.020	0.01890	1.21540	0.01555	0.062301	$Q = 0.07850 \times I^{1/2}$
5%	0.025	0.02363	1.22062	0.01936	0.072098	$Q = 0.11358 \times I^{1/2}$
6%	0.030	0.02835	1.22590	0.02313	0.081171	$Q = 0.15341 \times I^{1/2}$

(2) 횡단경사 및 종단합성경사에 따른 중분대 통수량(m^3/sec)

$(m^3/\sec)$

종단경사 횡단경사	0.3 (%)	0.5 (%)	1.0 (%)	1.5 (%)	2.0 (%)	2.5 (%)	3.0 (%)
1%	0.00043	0.00056	0.00079	0.00096	0.00111	0.00124	0.00136
2%	0.00136	0.00176	0.00249	0.00305	0.00352	0.00393	0.00431
3%	0.00267	0.00345	0.00488	0.00597	0.00690	0.00771	0.00845
4%	0.00430	0.00555	0.00785	0.00961	0.01110	0.01241	0.01360
5%	0.00622	0.00803	0.01136	0.01391	0.01606	0.01796	0.01967
6%	0.00840	0.01085	0.01534	0.01879	0.02170	0.02426	0.02657

(3) R_f 결정

집수구 길이(L) L = $0.70m \times 1ft$ / $0.3048 = 2.30ft$

길어깨 유속(V) $V = \dfrac{1}{n} \times R^{2/3} \times 1^{1/2}$

$(ft/\sec)$

종단경사 횡단경사	0.3 (%)	0.5 (%)	1.0 (%)	1.5 (%)	2.0 (%)	2.5 (%)	3.0 (%)
1%	0.29893	0.38592	0.54577	0.66843	0.77183	0.86293	0.94530
2%	0.47285	0.61045	0.86331	1.05733	1.22090	1.36501	1.49530
3%	0.61801	0.79785	1.12832	1.38191	1.59569	1.78404	1.95431
4%	0.74636	0.96355	1.36266	1.66892	1.92710	2.15456	2.36020
5%	0.86372	1.11506	1.57694	1.93135	2.23013	2.49336	2.73134
6%	0.97242	1.25539	1.77539	2.17439	2.51077	2.80713	3.07506

$V < 5.3$ 이면 $R_f = 1.0$, $R_f = 1-0.09(V- V_0)$

종단경사 횡단경사	0.3 (%)	0.5 (%)	1.0 (%)	1.5 (%)	2.0 (%)	2.5 (%)	3.0 (%)
1%	1.0000	1.0000	1.0000	1.0000	1.0000	1.0000	1.0000
2%	1.0000	1.0000	1.0000	1.0000	1.0000	1.0000	1.0000
3%	1.0000	1.0000	1.0000	1.0000	1.0000	1.0000	1.0000
4%	1.0000	1.0000	1.0000	1.0000	1.0000	1.0000	1.0000
5%	1.0000	1.0000	1.0000	1.0000	1.0000	1.0000	1.0000
6%	1.0000	1.0000	1.0000	1.0000	1.0000	1.0000	1.0000

(4) E_0 결정

$$E_0 = 1 - (1 - W/T)^{2.67}$$

여기서, W: 집수정폭 $-$ 0.450 m, T: 수로폭 $-$ 1.195 m

$$E_0 = 1 - (1 - 0.45/1.195)^{2.67} = 0.717$$

(5) R_S 결정

$R_S = 1 / \{1 + (0.15 V^{1.8} / S_x L^{2.3})\}$를 이용하여 산출

여기서, V: 길어깨 유속 ($ft/\sec^2$), S: 수로 횡경사

집수구 길이(L) = 0.70m × 1ft/0.3048 = 2.30ft

종단경사 횡단경사	0.3 (%)	0.5 (%)	1.0 (%)	1.5 (%)	2.0 (%)	2.5 (%)	3.0 (%)
1%	0.79864	0.71464	0.57303	0.48233	0.41834	0.37042	0.33303
2%	0.77653	0.68692	0.54040	0.44943	0.38654	0.34013	0.30432
3%	0.76298	0.67026	0.52137	0.43060	0.36858	0.32319	0.28839
4%	0.75345	0.65867	0.50838	0.41790	0.35656	0.31192	0.27784
5%	0.74600	0.64968	0.49845	0.40827	0.34750	0.30346	0.26993
6%	0.74007	0.64258	0.49069	0.40079	0.34050	0.29694	0.26386

(6) 유출량(Q_i) 결정

$$Q_i = Q \times [R_f E_0 + R_s (1 - E_0)]$$

종단경사 횡단경사	0.3 (%)	0.5 (%)	1.0 (%)	1.5 (%)	2.0 (%)	2.5 (%)	3.0 (%)
1%	0.00041	0.00051	0.00069	0.00082	0.00093	0.00102	0.00111
2%	0.00128	0.00160	0.00216	0.00257	0.00291	0.00320	0.00346
3%	0.00249	0.00313	0.00422	0.00501	0.00566	0.00623	0.00675
4%	0.00400	0.00501	0.00676	0.00803	0.00908	0.00999	0.01082
5%	0.00577	0.00723	0.00975	0.01158	0.01310	0.01442	0.01561
6%	0.00778	0.00975	0.01313	0.01560	0.01765	0.01943	0.02104

■ 설치간격 계산

(1) 초기 집수정 설치 위치

$$S = 3.6 \times 10^6 \times Q / (C \times Y \times W)$$

여기서 S: 집수정 간격(m), Q: 측대의 배수용량(m^3/sec), C: 유출계수 (0.9)

$\quad\quad\quad Y$: 강우강도(5년 빈도): 125 mm/hr(서울측후소 적용), W: 집수폭 (9.20)

$$S = 3.6 \times 10^6 \times Q / (0.9 \times 125 \times 9.2) = 3478.26\ Q$$

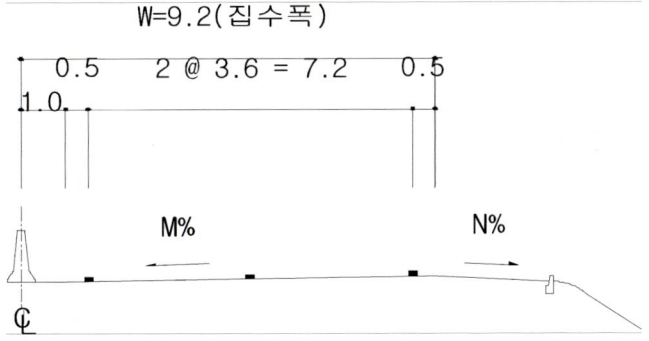

종단경사 횡단경사	0.3 (%)	0.5 (%)	1.0 (%)	1.5 (%)	2.0 (%)	2.5 (%)	3.0 (%)
1.0 %	1.50	1.94	2.74	3.35	3.87	4.33	4.74
	5.0	5.0	5.0	5.0	5.0	5.0	5.0
2.0 %	4.74	6.12	8.65	10.59	12.23	13.68	14.98
	5.0	10.0	10.0	10.0	10.0	10.0	10.0
3.0 %	9.29	11.99	16.96	20.77	23.99	26.82	29.38
	10.0	10.0	10.0	20.0	20.0	20.0	20.0
4.0 %	14.96	19.31	27.30	33.44	38.61	43.17	47.29
	10.0	10.0	20.0	30.0	30.0	40.0	40.0
5.0 %	21.64	27.93	39.51	48.38	55.87	62.46	68.43
	20.0	20.0	30.0	40.0	50.0	60.0	60.0
6.0 %	29.23	37.73	53.36	65.35	75.46	84.37	92.42
	20.0	30.0	50.0	60.0	70.0	80.0	90.0

(2) 집수정 설치간격

$$S = 3.6 \times 10^6 \times Q_i / (C \times Y \times W)$$

여기서, S: 집수정 간격(m), Q_i: 측대의 배수용량(m^3/sec), C: 유출계수 (0.9)

Y: 강우강도(5년 빈도): $125mm/hr$(서울측후소 적용), W: 집수폭 (9.20)

$$S = 3.6 \times 10^6 \times Q_i / (0.9 \times 125 \times 9.2) = 3478.26 \ Q_i$$

종단경사 횡단경사	0.3 (%)	0.5 (%)	1.0 (%)	1.5 (%)	2.0 (%)	2.5 (%)	3.0 (%)
1.0%	1.43	1.77	2.40	2.85	3.23	3.55	3.86
	5.0	5.0	5.0	5.0	5.0	5.0	5.0
2.0%	4.45	5.57	7.51	8.94	10.12	11.13	12.03
	5.0	5.0	5.0	5.0	10.0	10.0	10.0
3.0%	8.66	10.89	14.68	17.43	19.69	21.67	23.48
	5.0	10.0	10.0	20.0	10.0	20.0	20.0
4.0%	13.91	17.43	23.51	27.93	31.58	34.75	37.63
	10.0	10.0	20.0	20.0	30.0	30.0	30.0
5.0%	20.07	25.15	33.91	40.28	45.57	50.16	54.30
	20.0	20.0	30.0	40.0	40.0	50.0	50.0
6.0%	27.06	33.91	45.67	54.26	61.39	67.58	73.18
	20.0	30.0	40.0	50.0	60.0	60.0	70.0

5.3 횡단 배수시설 설계

5.3.1 횡단 배수시설 수리·수문 분석

(1) 배수유역 면적 계산

횡단 배수시설을 설치하려는 지역의 분수령을 경계로 하여 배수유역을 결정하여 유역
면적을 구한다.

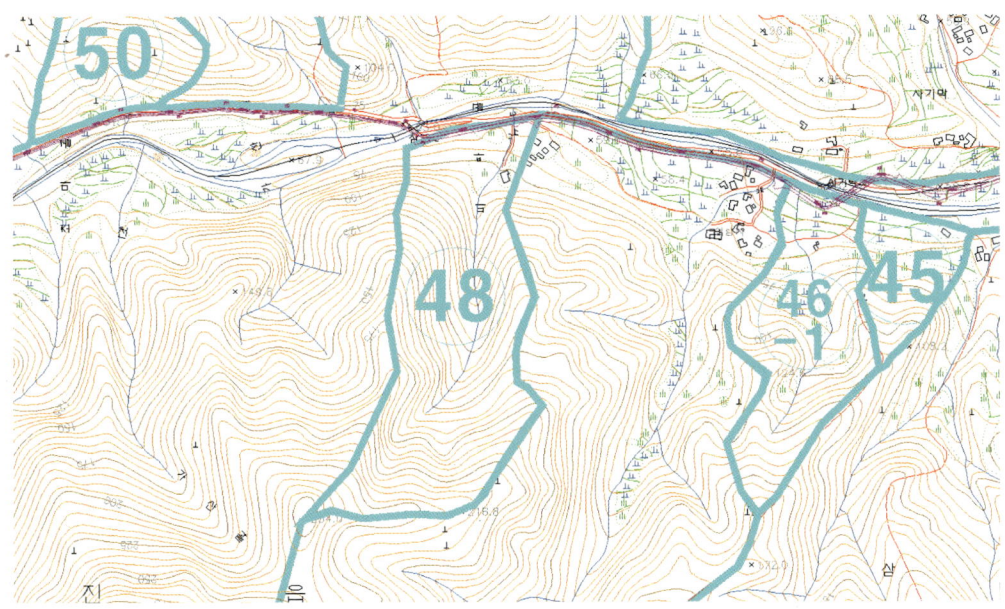

(2) 설계홍수량 산정

$$Q_d = \frac{1}{3.6} \cdot C \cdot I \cdot A$$

여기서, C는 배수유역 유출계수, I는 배수유역 강우강도(㎜/hr), A는 배수유역 면적(㎢)

(3) 설치 위치 결정

배수유역 면적, 유출계수, 강우강도를 결정하여 설계홍수량을 합리식으로 산정한 뒤에
횡단 배수시설물을 설치할 위치를 노선에 정한다.

(4) 흐름 계산

① 횡단 배수시설 내 수면형 계산

횡단 배수시설로 유입되는 강우는 횡단 배수시설 내에서 다양한 수면형태를 가지고 유하한 뒤 유출되는데, 이는 점변부등류의 흐름 해석을 통하여 정량화할 수 있다.

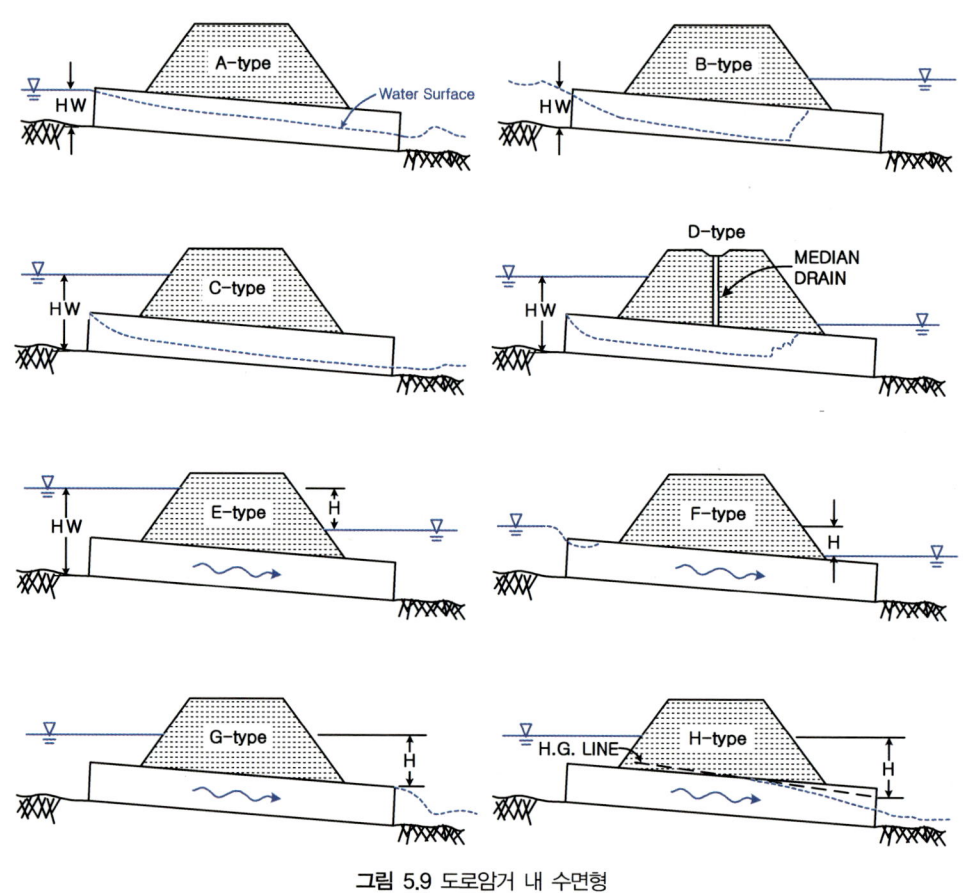

그림 5.9 도로암거 내 수면형

② 통제단면(Control Section) 결정

수면형태가 결정되면 횡단 배수시설 유입부의 설계홍수위가 결정되는 단면을 구할 수 있으며, 이것을 통제단면(Control Section)이라 하며, 유입부 또는 유출부 통제단면의 결정에 따라 다음과 같이 서로 다른 공식을 사용한다.

[유입부 통제]

- 유입부가 잠수되지 않은 경우(Q/AD$^{0.5}$ = 3.5까지)

$$\frac{HW_i}{D} = \frac{H_c}{D} + K\left(\frac{Q}{AD^{0.5}}\right)^M - 0.5S \qquad \text{식 5.1}$$

$$\text{또는} \qquad \frac{HW_i}{D} = K\left(\frac{Q}{AD^{0.5}}\right)^M \qquad \text{식 5.2}$$

- 유입부가 잠수된 경우(Q/AD$^{0.5}$>4.0 인 경우)

$$\frac{HW_i}{D} = c\left(\frac{Q}{AD^{0.5}}\right)^2 + Y - 0.5S \qquad \text{식 5.3}$$

여기서 HW$_i$는 상류수심(ft), Hc는 한계수심의 수두(ft)이고, Q는 유량(ft^3/s)이며, A는 암거단면적(ft^2)이며, D는 암거높이(ft)를 나타낸다. 또한 K, M, c와 Y는 단면형상과 재료에 따른 상수이며, S는 암거가 설치된 경사(ft/ft)이다. Hc와 dc는 다음 식으로부터 계산하여 구할 수 있다.

$$H_c = d_c + \frac{V_c^2}{2g} \qquad \text{식 5.4}$$

[유출부 통제]

유출부 단면이 암거 내 흐름을 통제하는 경우에는 유입부와 유출부 사이의 에너지 손실수두 차이가 발생하는데, 이때 다음 공식을 사용하여 설계홍수위를 결정한다.

$$HW_c + \frac{V_u^2}{2g} = TW + \frac{V_d^2}{2g} + HL \qquad \text{식 5.5}$$

여기서 HW$_o$는 상류측 수위(m), Vu는 접근 유속(m/s), TW는 하류측 수위(m), Vd는 유출유속(m/s), g는 중력가속도(m/s), HL은 총에너지 손실수두(m/s)이다.

(5) 단면결정

현재 도로 배수설계 중 암거 수리계산을 통한 단면을 결정할 때는 먼저 암거의 형태(원형 또는 사각형)를 설계자가 가정하고, 관련 도로설계기준이나 지침에서 제시한 범위 내에 포함되는 제원 중 하나를 설계자가 임의로 결정하여 수리계산을 수행한다. 수리계산이 종료되면, 암거 유출부의 유속 등과 같이 수리계산 시 고려해야 하는 조건들을 만족하는지 검토한 뒤에, 가정한 암거단면의 제원이 설계홍수량을 충분히 소통시킬 수 있다고 분석되면, 가정한 단면을 해당 배수유역의 암거단면으로 결정하게 된다. 만약 가정한 단면으로 암거 흐름을 계산한 결과값이 수리계산 시 고려해야 하는 조건들을 만족하지 못한다면, 암거단면을 다시 가정하여 수리계산을 수행 후 만족할 때까지 반복한다.

5.3.2 도로암거의 수리·수문 설계 방법

도로암거의 수리설계 방법은 도표를 이용한 반복시산에 의한 방법, 방정식과 수리학적 공식에 의한 방법(도식에 의한 방법), 유송잡물 및 퇴적토사를 고려한 수리계산 방법 등의 3가지가 있다.

도로암거의 수리계산방법은 ⅰ) 도표를 이용한 반복시산에 의한 방법(방법 1), ⅱ) 방정식과 수리학적 공식에 의한 방법(도식에 의한 방법-(방법 2)), ⅲ) 도로에 횡배수관을 설치할 경우, 토사퇴적과 유송잡물의 유입을 고려하여 수리계산을 할 수 있는 방법(방법 3)이 있다.

(방법 1)과 (방법 2)는 지형여건과 구조물의 설치형태에서 비교적 토사퇴적의 우려가 적은 지역에 적용하여 수리계산을 수행하며, (방법 3)의 경우에는 토사의 퇴적 또는 유송잡물이 암거의 유입부를 막아 유수의 흐름을 방해할 우려가 있는 지역에 설치될 암거의 수리계산에 적용하는 것이 바람직하다.

도로암거를 수리학적으로 해석하기 위해서는 설계홍수량(Qd)이 일정한 기존수로 혹은 자연수로를 흘러 도로암거구조물을 만났을 때 암거구조물에 의한 범람 또는 월류를 방지할 수 있는 HW(Head Water Level), 즉 유입부 수위를 산출하여 월류 혹은 범람의 여부를 판단하여야 한다. 따라서 홍수위가 생성되는 기존 유입부 수두 및 유출부 수두(TW) 등의 사전조사가 필요하며 이러한 조사의 바탕에서 설치될 구조물에서의 흐름을 파악하여 기존수로에서 흘러내린 홍수위가 도로암거를 만났을 때의 암거 유입부 수심(HW)을 구하는 과정을 수리계산이라 하며, 이러한 수리계산을 위해 3가지 방법을 제시한다.

가. 도표를 이용한 반복시산에 의한 방법

도표를 이용한 반복시산에 의한 방법은 암거하류부수심(TW) 또는 상류부수심(HW)이 사전조사되어 예측이 가능한 경우에 적용한다.

사전조사에 의해 암거하류부수심(TW) 또는 상류부수심(HW)이 사전조사되어 암거의 수리형태를 8가지 수리모형 중 하나로 예측이 가능한 경우에 적용하는 것이 적절하며 이러한 수리형태를 예측하기 위해 여러 수리모형과의 관계를 이용하여 반복시산에 의해 HW(암거유입부수심)만을 산출한다.

[STEP-1]

1) 설계배수량(Qd)을 결정한다.
2) 설치될 암거의 유입부 및 유출부 기존수로에 대한 제원, 평균경사도 등 제반사항을 획득한다.
3) 계획된 설계홍수량이 암거유입부까지 도달할 때의 수두를 구한다.
4) 암거의 단면형, 입구부의 모양 및 암거의 종류를 선택한다.
5) 다음의 상황을 고려하여 암거초기 치수를 가정한다.
① 배수량의 크기를 고려하여 경험적으로 임의 선정
② 암거의 단면적 A = Q/10을 기준으로 하여 선정
③ <그림 5.10> 또는 <그림 5.11>에서 주어진 계획홍수량 Qd와 HW/D = 1.5를 연결하여 얻어지는 D값을 선정

[STEP-2]

위의 자료를 바탕으로 주어진 암거하류부수심과의 관계에서 반복시산법으로 적절한 단면을 찾아간다. 이때는 설치될 암거의 유입부수심(HW)만을 구할 수 있다.

[STEP-3]

구해진 유입부수심과 허용상류수심(AHW)과의 관계에서 해당 암거의 설치 여부를 판단한다.

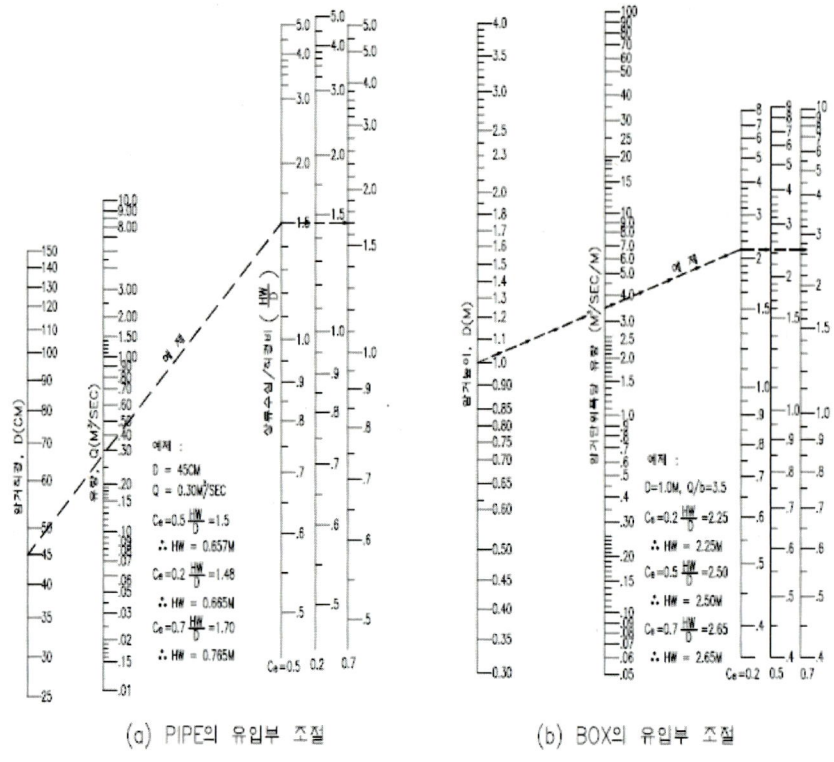

(a) PIPE의 유입부 조절   (b) BOX의 유입부 조절

그림 5.10 유입부 지배단면의 수리조건

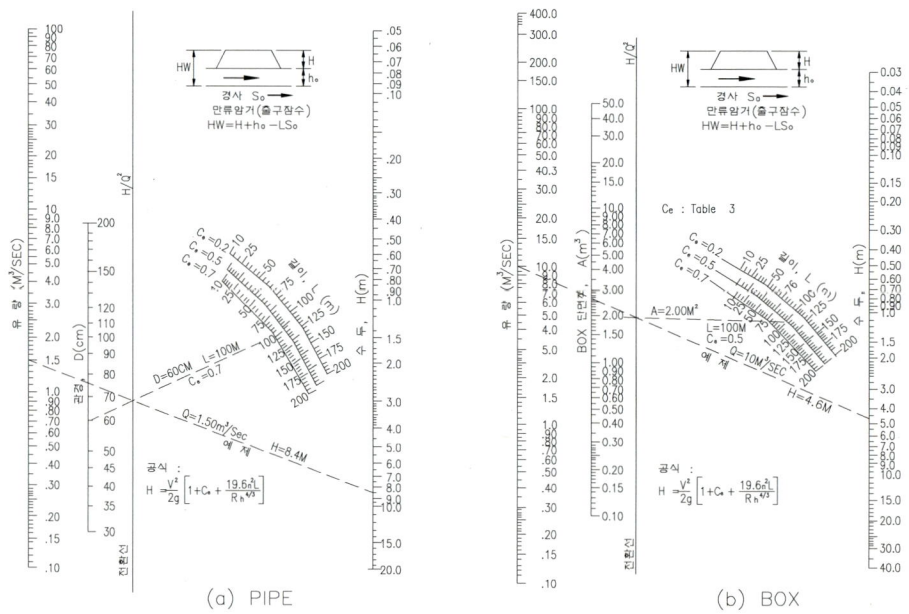

(a) PIPE   (b) BOX

그림 5.11 유출부 지배단면의 수리조건(관수로일 경우)

나. 도식에 의한 방법

방정식과 수리학적 공식에 의한 방법은 기존유입부 및 유출부의 수두 및 수리형상을 알수 없거나 설계홍수량의 상황을 추적하는 방법으로 HW(유입부수심)을 구하는 방법이다.

8가지 수리형태에서 해당 지점의 수리상황을 가정하여 하나의 수리형상을 만들어 가는 과정으로 기존유입부 및 유출부의 수두 및 수리형상을 알수 없거나 Qd(설계홍수량)의 상황을 추적하는 방법으로 HW(유입부수심)을 구하는 방법이다. 이러한 방법을 수행하기 위해서는 다음 절차에 의거하여 수리계산을 수행한다.

[STEP-1]

1) 계획배수량(Qd)을 결정한다.

2) 설치될 암거의 유입부 및 유출부 기존수로에 대한 제원, 평균경사도 등 제반사항을 획득한다.

3) 계획된 계획홍수량이 암거 유입부까지 도달할 때의 수두를 구한다.

4) 암거의 단면형, 입구부의 모양 및 암거의 종류를 선택한다.

5) 다음의 상황을 고려하여 암거초기 치수를 가정한다.

① 배수량의 크기를 고려하여 경험적으로 임의선정

② 암거의 단면적 A = Q/10을 기준으로 하여 선정

③ 그림 5.10 또는 그림 5.11에서 주어진 계획홍수량 Qd와 HW/D = 1.5를 연결하여 얻어지는 D값을 선정

[STEP-2]

1) 위 방법에서 산정된 암거의 규격에 의해 형성될 암거의 흐름 형태를 다음과 같이 산정한다(지배단면의 결정).

① 암거의 흐름은 등류로 가정되므로 Qd가 흐를 때의 암거의 등류수심(dn)을 구한다.

② 암거의 흐름에 따른 한계수심(dc)을 구한다.

③ 등류수심(dn)과 한계수심(dc)의 위치로 상류와 사류를 구분한다.

④ 암거를 흐른 물이 하류에 접속될 유출부 기존수로를 만났을 때의 수심(TW)을 구한다.

⑤ 계획홍수량이 유입부 기존수로를 흐를 때의 수두(기존수로의 HW)를 구하여 유입부의 잠수 여부를 판단한다.

2) 다음의 그림과 같이 ①~⑤까지 구한 한계수심(dc), 등류수심(dn), 하류부수심(TW), 유입부 기존수로의 수심(기존수로HW)을 위치별로 도식하여, 위에서 제시한 8가지 단면 중 하나를 찾아내고, 해당단면의 방정식을 적용하여, 유입부수두(HW)를 구한다.

횡배수 흐름의 도식

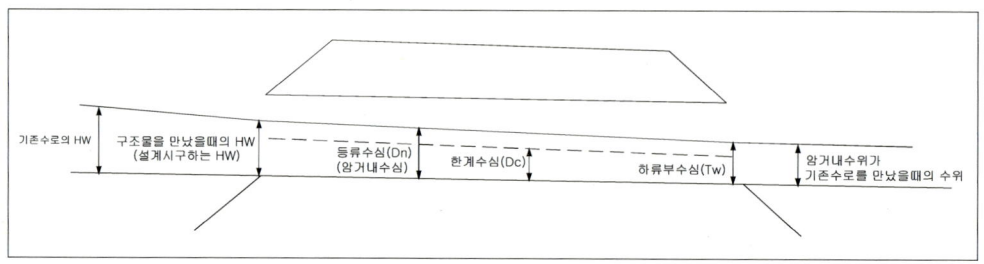

[STEP-3]

이러한 도식으로 하나의 수리형상이 정해지면, 정해진 군형의 유입부수두(HW)를 허용상류부수심(AHW)과 비교하여, 암거의 설치 여부를 판단한다.

만일, 도식 후 해당되는 단면이 8가지 수리유형에 포함되어 있지 않다면, 이는 적절하지 못한 단면으로 판단하고, 관경, 경사 등 설치 여건을 변화시키면서 반복시산을 한다.

위에서 살펴본 바와 같이 한 개의 도로암거를 설계하기 위해서는 각종 계산과 모노그램을 이용하는 등 복잡한 시행착오의 과정을 거치고, 하나의 암거의 여러 형태의 수리모형이 나올 수도 있다. 따라서 이러한 과정을 일정한 수리계산 양식을 만들어 쓰고 있다. 이러한 수리계산 양식에 대해 설명하면, 다음 그림 5.12와 같다.

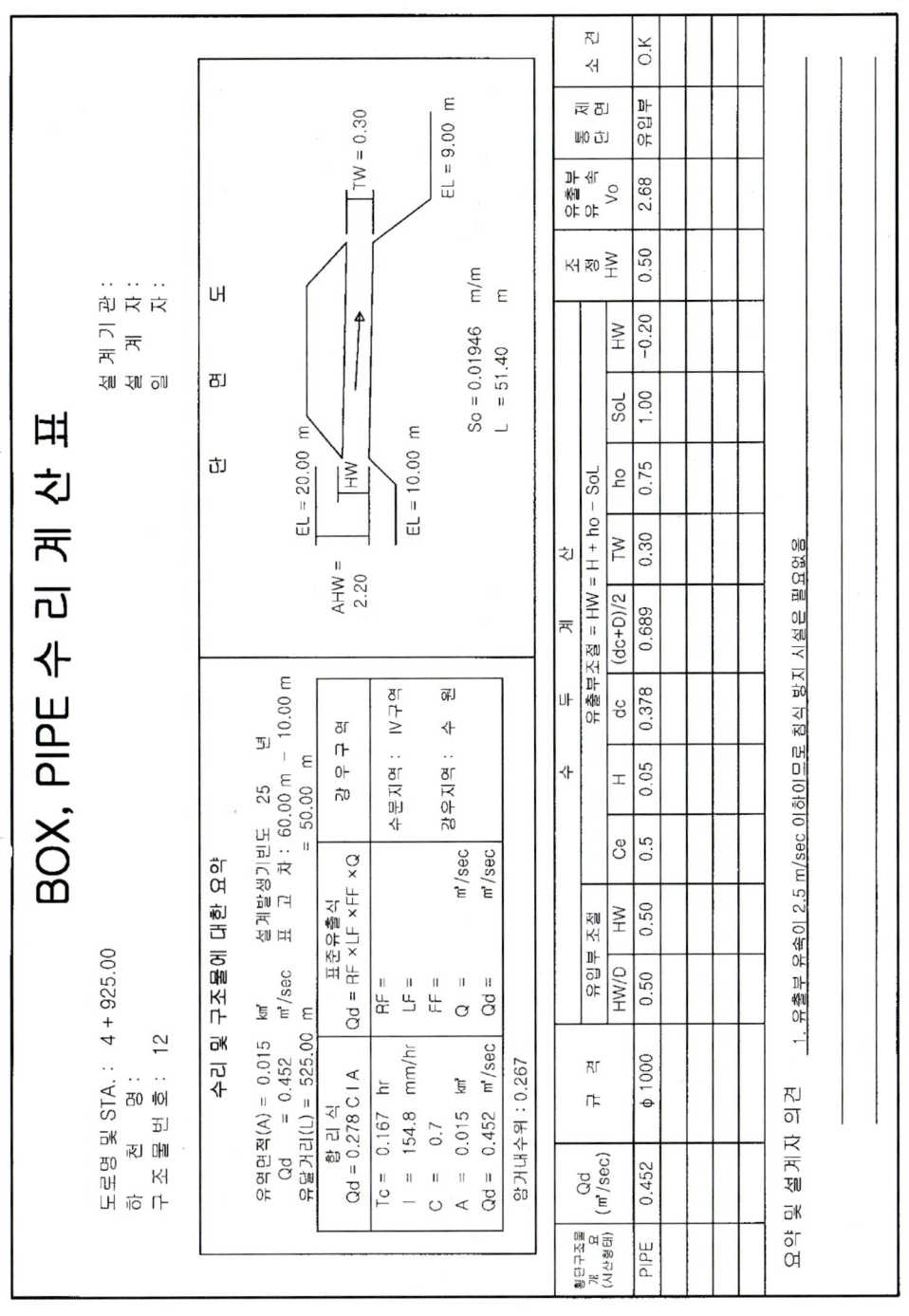

그림 5.12 암거 수리계산표(예)

① HW/D	유입부에서 연결되는 기존수로에서 흐르는 수두와 설치될 암거와의 비율을 표시한다. HW/D가 1.2D 이상이면 설치될 암거가 잠수될 가능성이 있는 것이며 1.2D 이하이면 잠수되지 않는 것으로, 즉 CLASS-Ⅰ로 가정한다.
② HW(지배단면이 유입부일 때의 유입부 수두)	여기서의 HW(유입부수두)는 지배단면이 유입부로 될 때의 수두 즉 모든 물의 흐름을 유입부에서 지배할 때의 유입부수두를 구한 값을 적는다. 참고) 모든 물의 흐름이 유입부에서 지배가 되므로 유출부지배(조정)의 ④ H ⑦ TW ⑧ ho ⑨ SOL ⑩ HW 등은 표기하지 않아도 무방하다.
③ Ce(유입손실수두)	기존수로를 흐른 물이 설치될 암거의 입구부의 형상을 만났을 때 형상에 의해 손실되는 수두 값으로 <그림 5.13>를 참고하여 적용한다.
④ H(위치수두)	도로암거(Highway Culvert)의 유입부와 유출부가 모두 잠길 때, 즉 CLASS-Ⅱ 6형식과 7형식으로 흐름이 발생할 경우(관수로의 흐름)의 압력으로 작용하는 위치수두의 값으로 CLASS-Ⅱ 6형식과 7형식으로 예상되는 흐름에서만 구하면 된다.
⑤ dc(한계수심)	비에너지가 최소가 되는 이론상의 수심, 즉 프로이드수 $F^2=1$이 될 때의 수심을 한계수심이라고 하며, $\dfrac{Q^2\,Tc}{gAc^3}=\dfrac{Vc^2}{gDc}=F^2=1$ 에서 구한다. 한계수심은 암거 내 흐름이 상류의 흐름인지 사류의 흐름인지를 판단하는 중요한 근거이다.
⑥ TW(유출부수두)	하류수면으로부터 출구단면의 하단까지의 수심, 일반적으로 배수구조물을 통과한 설계유량이 하류부 기존수로를 만났을 때의 수심을 말하며, 하류수로(유출부의 기존수로) 단면과 설계유량과의 관계에서 추정한다. 예) 하류수로 단면이 사다리꼴일 때(시산법), Qd = 설계유량, I = 수로의 바닥경사도, S₁ S₂: 측면경사도 b: 저변폭, n: Manning 계수, s: (S₁ S₂) /2: 평균측면경사도 $Qd = AV = A \times 1/n \times R^{2/3} \times 1^{1/2}$ $A = (b+TW \cdot S) \times TW$ $R = A/P$ $P = b+2TW \times \sqrt{(1+S^2)}$ $Qd = \dfrac{\{(do+TW.S) \cdot TW \}^{5/3}}{n\{bo/2TW \cdot \sqrt{(1+S)^{2/3}}\}} \cdot I^{1/2}$ $(\dfrac{nQ}{I^{1/2}})^3 = \dfrac{(do+TW \cdot S) \cdot TW)^5}{\{bo/2 \cdot TW \cdot \sqrt{(1+S)^2}\}}$ $= \dfrac{TW^R(\frac{bo}{TW}+S)^5}{bo/TW+2 \cdot \sqrt{(1+S)^2}}$
⑦ ho(중립축의 높이)	유출부 단면의 중립축까지의 높이로서 이론상 D/2이나 설계 시 흐름의 조건을 유지하기 위해 파이프는 0.75D, BOX는 0.8D를 사용한다. 단, 흐름의 조건을 유지할 수 있는 단면은 CLASS - Ⅱ의 6형식과 7형식과 같이 관수로로 흐름을 가지는 흐름에서 유효한 것이며, 유입부 지배단면 혹은 유출부 지배단면일 때라도 CLASS - Ⅰ의 1형식, 2형식일 경우는 해당되지 않는다.
⑧ SoL(경사도)	암거의 경사와 연장을 곱한 값으로 지배단면이 유입부일 경우 모든 물의 흐름은 유출부의 상황이 좌우하므로 유출부까지의 경사와 암거의 연장은 유입부 수두(HW)산정에 큰 영향을 미친다.
⑨ HW(지배단면이 유출부일 경우의 유입부 수두)	수리계산의 결과 해당하는 흐름의 지배단면이 CLASS - Ⅰ의 1형식과 2형식, CLASS - Ⅱ의 6형식과 7형식일 경우 구해지는 유입부 수두(Head Water Level, HW)이다. 즉, 모든 물의 흐름이 유출부에서 지배가 되면, ② HW(유입부 지배단면일 때의 유입부 수두)를 최종 HW로 산정하는 것이 아니고, ⑨번란의 HW(유출부지배단면일 때의 유입부 수두)를 유입부 수두로 사용하는 것이다.
⑩ 조정 HW(통제 단면의 HW)	8가지 수리형상 중 해당되는 흐름의 형상이 결정되면 해당 통제단면(지배단면)의 HW를 구하는 방정식에 의해 또는 모노그래프에 의해 구해진 HW(유입부 수두)를 표기한다.
⑪ 암거 내 수위(dn)	횡배수관 수리계산은 암거 내의 물의 흐름을 등류로 가정하는 것이므로 등류수심(dn)을 구해 암거 내 수위로 적용한다.

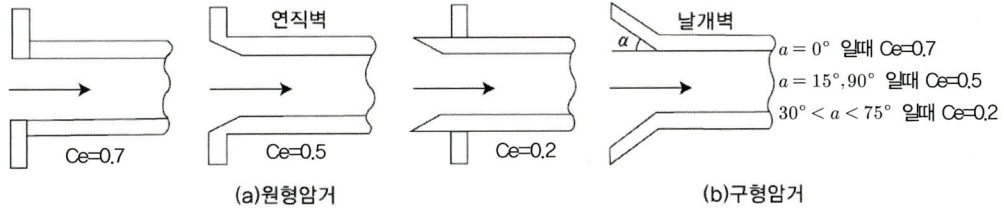

연직벽 · 날개벽

$a = 0°$ 일때 Ce=0.7
$a = 15°, 90°$ 일때 Ce=0.5
$30° < a < 75°$ 일때 Ce=0.2

Ce=0.7 · Ce=0.5 · Ce=0.2

(a)원형암거 · (b)구형암거

그림 5.13 유입부 손실 수두의 적용

위에서 일반적으로 사용되는 BOX, PIPE 수리계산표의 작성방법을 살펴보았다.

이러한 도로암거의 수리계산을 요약하자면, 도로암거의 수리계산과정은 일차적으로 개수로 흐름으로 설계하느냐 또는 관수로 흐름으로 설계하느냐를 결정한 다음 개수로의 흐름으로 설계한다면 개수로의 이론에 따라 등류수심(dn)과 한계수심(dc) 그리고 도수의 여부 등에 따른 지배단면별 HW(유입부 수두)를 구하는 과정이고, 관수로의 흐름으로 설계를 한다면 관수로 흐름의 중요 요인인 H(위치수두)와 연장, 경사의 관계에 따라 HW(유입부 수두)를 구하는 과정이라 하겠다.

다. 유송잡물 및 토사퇴적을 고려한 수리계산

유송잡물 및 토사퇴적을 고려한 수리계산은 기존의 암거 수리계산방법과는 다르다. 그 이유는 암거 전후에 흐름 상황이 급격하게 변화하는 경우에는 등류조건을 전제로 한 Manning식에 근거한 설계계산법이 적용되기 어렵고 최근에 발생한 2002년 태풍 루사 등의 재해조사에서도 개정 필요성이 부각되었다. 동시에 이 조사에서 토사·유목의 발생이 암거부의 도로재해의 커다란 원인이 되었다는 점이 밝혀졌는데 이 점에 관해서는 본문 중에 '토석류 등에 대한 배려'를 부가하고 있다.

본 설계계산법은 미국지질조사소(USGS)의 매뉴얼을 참고로 하였다. 또 미국과의 도로, 지형조건 등의 차이에 의해 직접 응용할 수 없는 부분도 있어 수정을 추가하고 있다. 암거에서의 수리에 관한 조사·연구가 적기 때문에 본 설계계산법의 신뢰성에 대해서는 금후 검토를 필요로 하는 점도 있으므로 발주처와 협의하에 이를 시행한다.

1. 설계계산 순서

암거단면의 설계계산법은 다음 2가지 경우로 대별하여 나타낼 수 있다.

(a) 수로의 단면 및 경사가 유입부 및 유출부를 따라 일률적이고 수로와 동일폭의 암거를 설치하는 경우(유입부 및 유출부의 수로의 폭과 암거의 경사를 기존수로와 비슷하게 설치하는 경우)

(b) (a) 이외의 경우로 특히, 산지부의 수로, 계곡 등 부정형인 수로를 횡단하는 경우(유입부 기존수로의 제원과 유출부 기존수로의 제원이 다르거나, 설치될 암거의 경사가 기존수로의 경사와 많이 다른 경우)

각각의 경우에 대한 설계계산법은 다음과 같다.

1-1. (a)의 경우

이 경우는 암거의 경사 S_o 및 B는 수로와 같게 한다. 암거의 조도계수는 수로에 비해 일반적으로 작지만 암거의 흐름은 유입부 및 유출부 수로조건에 강하게 지배 된다. 또한 암거 내에 상시 토사퇴적이 예상된다는 점에서 암거단면 설계에는 수로의 조도계수를 이용하는 것이 좋다.

우선, 수심 h를 다음 식에 의해 구한다.

$$Q = A \cdot v = \frac{A}{n} \cdot R^{2/3} \cdot S_0^{1/2} \qquad \text{식 5.6}$$

여기서, Q: 설계유량(㎥/sec)

A: 유수단면적(㎡)

v: 유속(m/sec)

n: 상하유수로의 조도계수(sec/$m^{1/3}$)

R: 경심(m)

S_0: 암거(상하유수로)경사

이것은 암거단면형상에 따라 다음과 같이 계산한다.

(1) 구형단면의 경우

$$A = B \cdot h$$

$$R = \frac{A}{P} = \frac{B \cdot h}{B+2h} \qquad \text{식 5.7}$$

여기서, B: 암거폭(m)

　　　　P: 윤변(m)

　　　　h: 수심(m)

식 5.7을 식 5.6에 대입하면 다음 식을 얻을 수 있다.

$$Q = \frac{1}{n} \cdot (B \cdot h) \cdot (\frac{B \cdot h}{B+2h})^{2/3} \cdot S_0^{1/2} \qquad \text{식 5.8}$$

위 식에 h의 값을 시행오차법으로 반복 계산함으로써 h의 답을 얻을 수 있다.
암거의 높이 D를 다음 식 5.9에 의해 결정한다.

$$D = (1 + \alpha_1 + \alpha_2) \cdot h \qquad \text{식 5.9}$$

여기서,

α_1: 통상의 토사퇴적에 의한 통수단면의 축소를 고려한 여유로 적어도 20% 정도를 예상한다.

α_2: 호우 시에 대량의 토사·유목 등이 유입할 우려가 있는 경우에 예상하는 것이 바람직하다(설계자 판단사항).

(2) 원형단면의 경우

이 경우에는 그림 5.14를 이용하여 다음과 같이 계산하고, 우선 유량에 대해서 식 5.9의 α_1, α_2을 적용한 여유를 예상하고,

$$\frac{Q}{Q_0} = \frac{1}{1+\alpha_1+\alpha_2}$$

식 5.10

로 한다. 여기서 Q_0 는 만관일 때의 유량을 나타낸다.

이 유량비에 대한 h/D 를 그림 5.14에 의해 읽고, 아래 공식에서 φ를 구한다.

$$h = \frac{D}{2}(1-\cos\phi)$$

이 값을 $v = \frac{1}{n} \cdot R^{2/3} \cdot S_0^{1/2}$ 에 대입하여 직경 D를 구한다.

그리고 여기서 얻어진 직경 D는 식 5.9에 대응하는 여유가 식 5.10에서 적용된다.

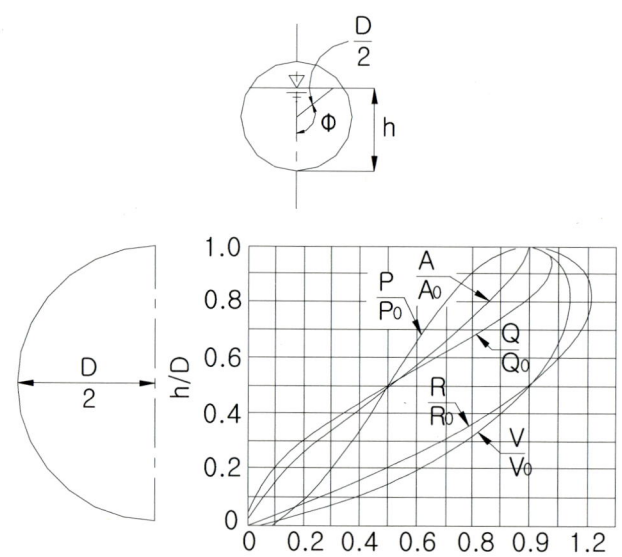

그림 5.14 원형수로의 수리특성곡선

여기서,

h: 수심(m), $h = \dfrac{D}{2}(1-\cos\phi)$

P: 윤변(m), $P = \phi \cdot D$

A: 유수단면적(m^2), $A = (\dfrac{D}{2})^2 \cdot (\phi - \dfrac{1}{2}\sin 2\phi)$

R: 경심(m), $R = \dfrac{D}{2} \cdot \dfrac{2\phi - \sin 2\phi}{4\phi}$

v: 유속(m/sec), $v = \dfrac{1}{n} \cdot R^{2/3} \cdot S^{1/2}$

Q: 유량(㎥/sec), $Q = A \cdot v$

단, 첨자$_0$은 만관일 때를 표시함(이때 $\phi = \pi$가 된다).

1-2 (b)의 경우

이 경우에는 수로와 암거의 단면형상 등이 다르고 흐름이 복잡해진다.
암거단면의 설계계산은 그림 5.15에 있는 순서로 실시한다.

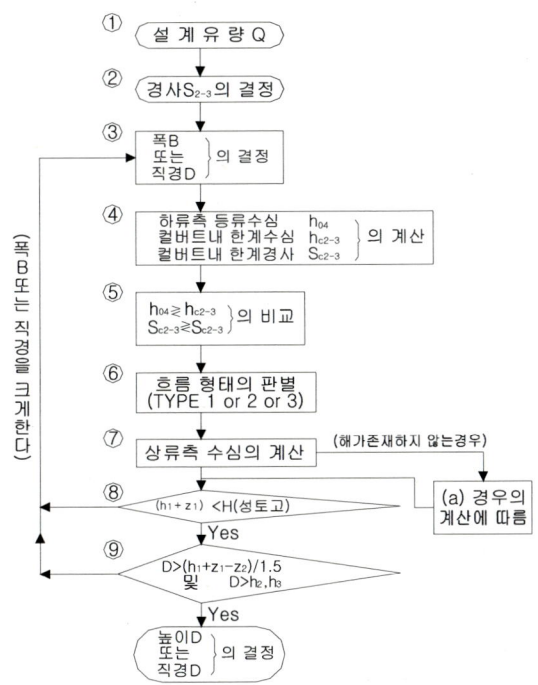

그림 5.15 암거단면의 설계계산 순서

① 설계유량 Q

$Q = 0.2778C \cdot I \cdot A$ 인 합리식을 사용하여 설계유량을 산정한다.

② 경사 S_{2-3}의 결정

암거의 경사, 저면 높이 및 폭은 토사의 퇴적과 침식을 방지하기 위해 가능한 한 기존 수로와 일치시키는 것이 원칙이다. 단, 계곡과 같은 하상경사가 매우 급한 지점에 암거를 설치하는 경우에 시공상 문제, 미끄럼 문제, 토사에 의한 마찰 문제 등이 발생할 우려가 있는 경우에는 암거 경사를 10% 정도 이내로 하는 것이 바람직하다. 또 암거의 폭이 상류 측 수로의 폭에 비해 적어지는 때에는 수로폭의 급격한 축소에 의해 암거 상류의 수위를 막아서 역류시키기 때문에 암거 전체 혹은 유입구의 폭을 가능한 한 넓게 하여 상류측 수로로 원활하게 빠져나가도록 하는 것이 좋다. 그 외 소구경 암거의 경우에는 그 계산상의 유량이 적어도 청소 그 외의 보수를 고려하여 직경 φ 1,000 이상으로 하는 것이 바람직하다. 또 유지관리상 특히 필요한 경우에는 충분한 크기를 확보하는 경우도 있다.

③ 암거 폭B_{2-3}(구형단면) 혹은 직경D_{2-3}(원형단면)의 설정

암거의 높이(혹은 직경) D는 다음 조건을 만족하도록 결정한다.

(1) 수면이 암거 상면에 접하지 않는다.

(2) 암거 상류측의 수심이 암거 높이의 1.5배를 넘지 않는다.

$$D > (h_1 + z_1 - z_2)/1.5$$

(3) 암거 상류측의 수위가 쌓기부 높이를 넘지 않는다.

$$h_1 < (쌓기부\ 높이)$$

단, 위의 기호는 그림 5.16 컬버트부의 흐름 제원을 참조한다.

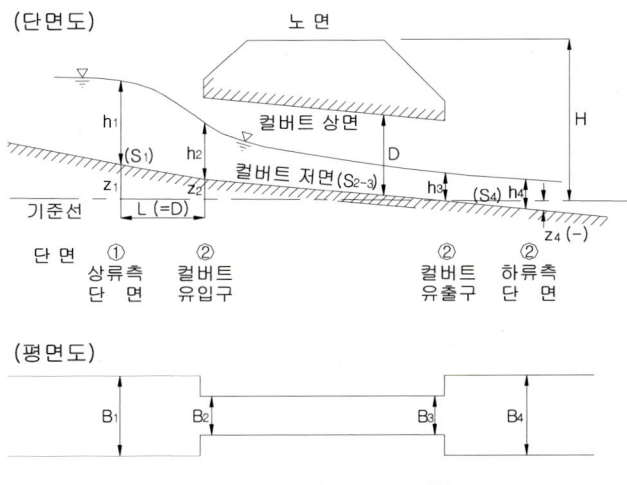

그림 5.16 암거부의 흐름 제원

여기서, h: 수심

　　　z: 기준선에서 측정한 하상의 높이

　　　$h + z$: 수위

　　　B: 수로(또는 암거)의 폭

　　　D: 암거의 높이(또는 직경)

　　　H: 노면의 높이

　　　S: 수로(또는 암거)의 종단경사

④ (a) 하류측 등류수심 h_{04}의 계산

이것은 하류측 수로를 구형단면 혹은 제형단면으로 치환하여 그림 5.17에서 구할 수 있다. 같은 그림에서 h_{04}를 구하기 위해서는 다음과 같이 하면 좋다.

(1) $A \cdot R^{2/3}/B^{8/3} = n_4 \cdot Q/(S_4^{1/2} \cdot B_4^{8/3})$ (횡축 값)를 계산한다.

(2) 수로측벽의 경사 z에 대응하는 h_0 / B(종축 값)를 읽어낸다.

(3) $h_{04} = (h_0/B) \times B_4$

그리고 구형 단면의 경우에는 다음 식에서 반복계산에 의해 h_{04}를 구할 수도 있다.

$$h_{04} = \left(\frac{n_4 \cdot Q}{B_4 \cdot S_4^{1/2}} \right)^{3/5} \cdot \left(1 + \frac{2h_{04}}{B_4} \right)^{2/5}$$

식 5.11

그리고 수로가 암거 하류에 굴곡하고 있는 경우에는 하류측 등류수심 h_{04}로서 식 5.11 에서 얻어지는 값에 적절하게 할증한 값을 이용한다. 그리고 하류에서 합류하는 하천의 수위에 지배받는 일이 예상되는 경우에는 그 수위를 이용한다.

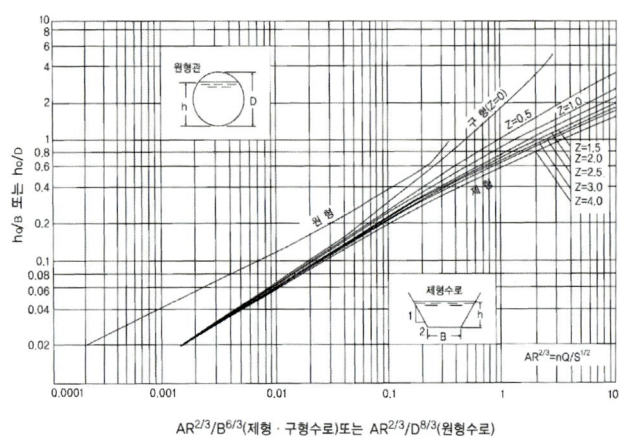

그림 5.17 등류수심 산출도

(b) 암거 내 한계수심 h_{c2-3}의 계산

이것은 그림 5.18을 이용하여 다음 순서에 따라서 구할 수 있다.

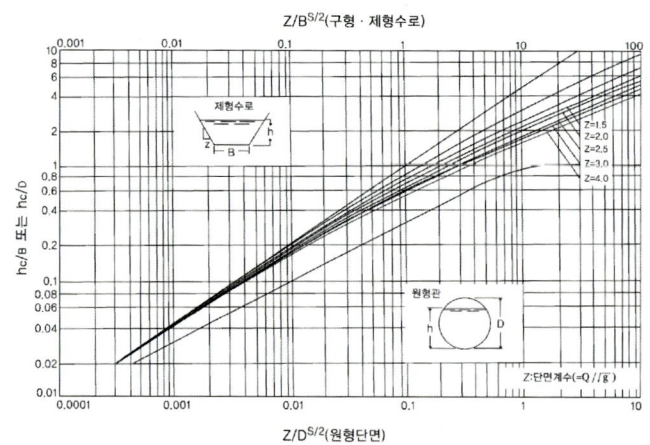

그림 5.18 한계수심산출도

(1) $Z/B^{5/2} = Q/(\sqrt{g} \cdot B^{5/2})$ (구형단면의 경우) 혹은 $Z/B^{5/2} = Q/(\sqrt{g} \cdot D^{5/2})$(원형단면의 경우)을 계산한다.

(2) 그림에서 대응하는 h_c/B 혹은 h_c/D 값을 읽는다.

(3) $h_{c\,2-3} = (h_c/B) \times B_{2-3}$ 또는는 $h_{c\,2-3} = (h_c/D) \times D_{2-3}$

또한 이것은 다음과 같이 계산에 의해서도 구할 수 있다.

[구형단면의 경우]

$$h_{c\,2-3} = \left(\frac{\alpha \cdot Q^2}{g \cdot B_{2-3}^2} \right)^{1/3}$$

식 5.12

단, α: 에너지보정계수(≒ 1.0)

　g: 중력의 가속도(= 9.8m/sec²)

[원형단면의 경우]

$$\frac{Q}{\sqrt{g}\,(D_{2-3}/2)^{5/2}} = \sqrt{\frac{\left(\phi - \frac{1}{2}2\sin\phi_c\right)^5 \sin\phi^c}{1 - \cos 2\phi_c}}$$

식 5.13

$$h_{2-3} = \frac{D_{2-3}}{2}(1 - \cos\phi_c)$$

(c) 암거 내 한계경사$S_{C\,2-3}$의 계산

위에서 구한 한계수심$h_{c\,2-3}$ 등을 이용하여 다음 식으로 계산된다.

(구형단면의 경우)

$$S_{c\,2-3} = \frac{g \cdot n_{2-3}^2 \cdot h_{c\,2-3}}{\left(\dfrac{h_{c\,2-3}}{1 + 2h_{c\,2-3}/B_{2-3}} \right)^{4/3}}$$

식 5.14

(원형단면의 경우)

$$S_{c\,2-3} = \left(\frac{n_{2-3}\cdot Q}{A\cdot R^{2/3}}\right)^2 = \left(\frac{n_{2-3}\cdot Q}{\dfrac{D_{2-3}^2}{4}\left(\phi_c - \dfrac{1}{2}sin2\phi_c\right)\cdot\left\{\dfrac{D_{2-3}}{4}\left(1 - \dfrac{1}{2\phi_c}sin2\phi_c\right)\right\}^{2/3}}\right)^2 \qquad \text{식 5.15}$$

⑤, ⑥ 수리조건과 흐름 형태는 다음과 같이 적용한다.

구분	$S_{2-3} > Sc_{2-3}$	$S_{2-3} < Sc_{2-3}$
$h_{04} < hc_{2-3}$	type - 1	type - 2
$h_{04} > hc_{2-3}$	type - 1	type - 2

* 주 1) 이 분류는 엄밀하게는 정확하지 않은 점도 있지만 실용성을 배려하여 다소 간략화하고 있다.
* 주 2) $S_{2-3} > S_{c\,2-3}$, $h_{04} > h_{c\,2-3}$의 조건에서는 정확히는 1타입이지만 타입 1의 설계법에 따라 안전측이라 생각하여 이와 같이 분류하고 있다.

⑦ 상류측 수심 h_1의 계산

상류측 수심 h_1의 계산은 본 설계계산 중에서도 특히 중요하다. 그 계산법은 기본적으로는 위에 적은 타입마다 다른 것이지만 여기에서는 다소 근사를 이용하여 타입 1~3을 통해 같은 계산식에 의해 산정하도록 되어 있다. 즉, 타입 1의 흐름에서는 암거유입구에서 한계수심 h_c가 발생한다. 타입 2의 흐름에서는 암거유출부에서 한계수심 h_c가 발생한다. 타입 3은 전체를 통해 상류이다. 일반적으로 흐름의 수리계산은 지배단면(한계수심을 낳는 단면)을 시점으로 이루어진다. 이에 따라서 타입 1에서는 암거유입부, 타입 2에서는 암거유출부, 타입 3에서는 하류 측에서 각각 부등류 계산을 하고 상류 측 수심 h_1을 구하게 된다. 그런데 이 계산을 충실히 실행하는 것은 번거롭기 때문에 여기에서는 그림 5.16의 단면 ①-②간에 에너지 식을 세워 수심 h_1을 구하기로 한다. 이 때 타입 2, 3에 대해서 단면 ②에서의 수심을 근사적으로 등류수심 h_{02}와 같다고 되어 있다.

그림 5.16의 단면 ①-② 간에 다음 에너지 식이 성립한다.

$$h_1 = (1+\epsilon)\frac{1}{2g}\left(\frac{Q}{A_2}\right)^2 + h_2 - \frac{\alpha_1}{2g}\left(\frac{Q}{A_1}\right)^2 + h_{f1-2} - (z_1 - z_2) \qquad \text{식 5.16}$$

여기서, $h_1 =$ 상류측(단면 ①에서의) 수심

$h_2 =$ 단면 ②에서의 수심

Type - 1에서는 $h_2 = h_{c\,2}$ (단면 ②에서의 한계수심)

Type - 2에서는 $h_2 = h_{0\,2}$ (단면 ②에서의 등류수심)이 된다.

ε: 단면 축소에 의한 에너지 손실계수

단면 ②에 일어나는 프로이드 수 Fr_2를 다음 식에 의해 계산하고, 그림 5.19로부터 찾는다.

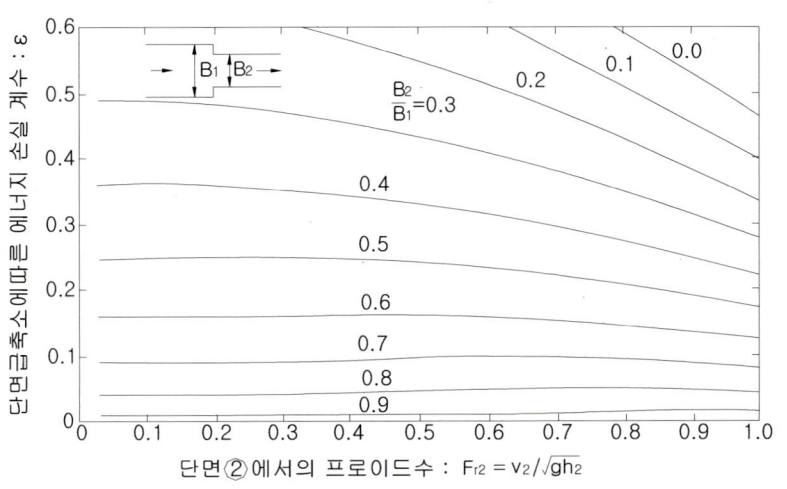

그림 5.19 단면 급축소에 의한 에너지 손실계수

$$Fr_2 = \frac{v_2}{\sqrt{gh_2}} = \frac{Q}{A_2\sqrt{gh_2}}$$
식 5.17

(단, A_2: 단면 ②에서의 유수단면적)

타입 1에서는 $Fr_2 = 1$, 타입2, 3에서는 $Fr_2 < 1$ 이다.

$A_1,\ A_2$: 단면 ①, ②에서의 유수단면적

('구형단면'의 경우)

$$A = B \cdot h$$
식 5.18

('원형단면'의 경우)

$$A = \left(\frac{D}{2}\right)^2 \cdot \left(\phi - \frac{1}{2}sin2\phi\right)$$ 식 5.19

그리고 원형단면의 경우에는 다음과 같이 해도 좋다. 즉, 만관으로 흐르는 경우의 유량 Q_0을 다음 식에 의해 계산한다.

$$Q_0 = \frac{1}{n} \cdot \pi \left(\frac{D}{2}\right)^2 \cdot \left(\frac{D}{4}\right)^{2/3} \cdot S_{2-3}^2$$ 식 5.20

다음으로 그림 5.14를 이용하여 Q/Q_0에 대응하는 h/D의 값을 읽어낸다. 단지 여기서 $Q/Q_0 > 1$이 되면 ③으로 돌아가고 D를 크게 해서 계산을 다시 한다.

그리고 같은 그림에서 이 h/D에 대응한 A/A_0 값을 읽고 다음 식으로 구한다.

$$A_2 = A_0 \cdot (A/A_0) = \pi \left(\frac{D}{2}\right)^2 \cdot (A/A_0)$$ 식 5.21

여기서, a_1: 에너지보정계수(통상 a_1=1.0으로 한다)

$\quad h_{f\,1-2}$: 단면 ①-② 간에 마찰손실수두(무시해도 좋다)

$\quad z_1, z_2$: 단면 ①, ②에서 기준선에서 측정한 하상높이

식 5.16에서 경우에 따라서는 답을 얻을 수 없는 경우가 있다. 그때에는 (a)의 경우의 설계계산법을 근사적으로 적용할 수 있는데, 이것은 본래 구형단면수로에 대해 구해지는 것이다. 원형단면의 암거에 대해서는 그림 5.19를 이용하는 것으로 한다.

⑧ 상류측에서 보를 막아 수위가 도로를 월류하지 않는다는 조건이다.

이 조건을 만족하지 않는 경우에는 ③으로 되돌아가고 암거의 폭 B 혹은 직경 D를 크게 하여 계산을 다시 한다.

⑨ 타입 1, 2 혹은 3과 같은 개수로의 흐름이 형성되기 위한 필요조건이다. 이 조건을 만족하는 D에 하기의 여유를 예상한 D를 설정할 수 있으면 계산은 종료하고 설정할 수

없는 경우에는 상과 똑같이 ③으로 되돌아간다. 설계상의 D는 식 5.8 혹은 식 5.9에 의해 결정한다.

형식	수리조건	흐름의 형태	비고
1	유입부에서 한계수심 발생 $D > (h_1 + z_1 - z_2)/1.5$ $h_4 < h_c$ $S_0 > S_c$	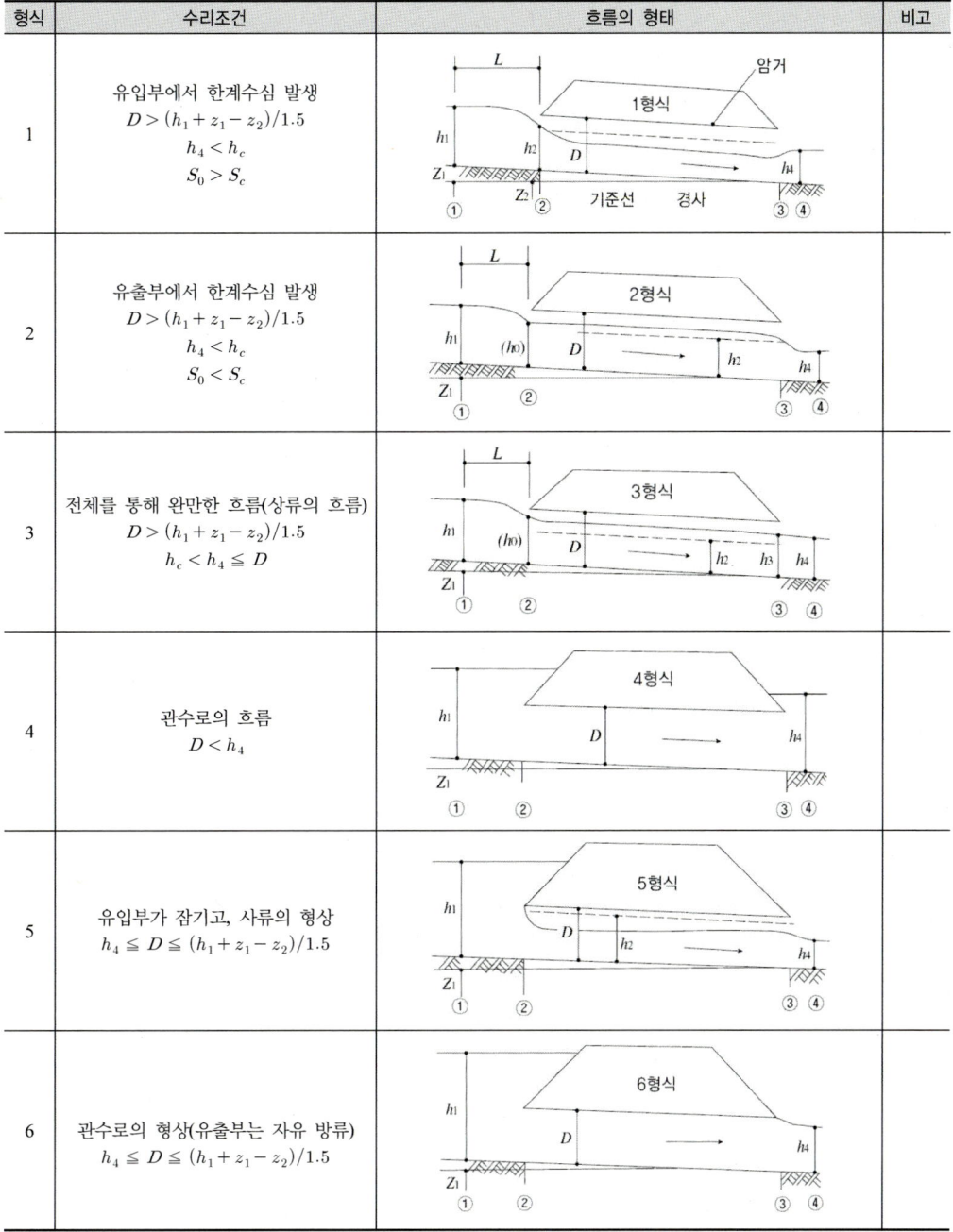	
2	유출부에서 한계수심 발생 $D > (h_1 + z_1 - z_2)/1.5$ $h_4 < h_c$ $S_0 < S_c$		
3	전체를 통해 완만한 흐름(상류의 흐름) $D > (h_1 + z_1 - z_2)/1.5$ $h_c < h_4 \leqq D$		
4	관수로의 흐름 $D < h_4$		
5	유입부가 잠기고, 사류의 형상 $h_4 \leqq D \leqq (h_1 + z_1 - z_2)/1.5$		
6	관수로의 형상(유출부는 자유 방류) $h_4 \leqq D \leqq (h_1 + z_1 - z_2)/1.5$		

그림 5.20 암거의 수리형태(유송잡물 및 토사퇴적을 고려한 경우)

5.4 비탈면 배수시설 설계

5.4.1 쌓기부 비탈면 배수시설

비탈면 배수시설이 손상되는 주된 원인은 물이 배수구 내에서 흐르지 않고, 그 외측과 최하단측에서 흘러 주위의 흙이 세굴됨으로써 발생한다. 표면수를 처리하는 배수시설은 표면수를 비탈면에 충분히 침투하도록 하거나 불투수성 재료로 주의 깊게 되메우기 등의 작업이 선행되어야 한다. 또한 급류가 발생하는 곳에서는 물이 튀어 나오지 않도록 뚜껑을 설치하거나 약간의 도수가 있더라도 배수구의 외측이 세굴되지 않도록 잔디와 바위 등을 깔아 보호해두는 등의 조치가 필요하다.

대표적인 쌓기부 비탈면 배수시설으로는 1) 쌓기부 도수로, 2) 쌓기부 소단측구, 3)비탈 끝 측구(V-type, U-type) 등을 꼽을 수 있으며, 상기 쌓기부 비탈면 배수시설의 설계 방법은 다음과 같다.

(1) 쌓기부 도수로

현재 도로 배수시설 설계 실무에서 쌓기부 도수로의 단면 제원을 계산할 때 수리·수문학적 해석 과정 없이 결정하고 있으며, 배수계획에 따라 쌓기부 도수로와 연결되는 기타 배수시설물의 종류를 고려하여, ⅰ) 횡배수관용 도수로 중 소단이 없는 경우, ⅱ) 횡배수관용 도수로 중 소단이 있는 경우와 ⅲ) 중앙분리대 배수용, 그리고 ⅳ) 노면 및 중분대 배수용으로 구분하여 쌓기부 도수로의 단면 제원이 결정된다.

표 5.2 쌓기부 비탈면 도수로의 적용 단면 – 적용 예

구분	단면 제원[1]	
	단면 폭(mm)	단면 높이(mm)
횡배수관용 도수로 중 소단이 없는 경우	500, 800, 1100, 1300, 1500	300, 400, 400, 500, 600
횡배수관용 도수로 중 소단이 있는 경우	500, 800, 1100, 1300, 1500	300, 400, 400, 500, 600
중앙분리대 배수용	500~620	420
노면 및 중앙분리대 배수용	500~620	420

---

1) 단면제원은 쌓기부 도수로의 평면도 중에서 '단면 D–D'를 기준으로 함.

(2) 쌓기부 소단측구

쌓기부 소단측구의 단면 제원 계산은 쌓기부 도수로 단면 제원 계산의 경우와 동일하게 수리·수문학적 해석 과정 없이 주어진 설계 표준도만으로 설계하고 있으며, 쌓기부 소단측구 연장의 법선 방향으로 설치되는 쌓기부 도수로의 간격 결정을 위해서 통수량을 산정하는 것이 전부이고, 다음 그림은 쌓기부 소단측구의 표준단면이다.

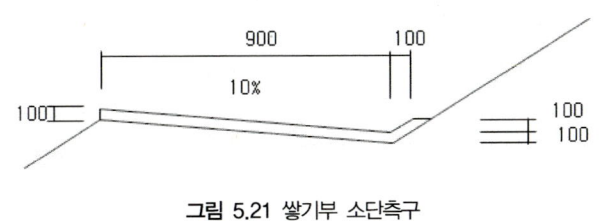

그림 5.21 쌓기부 소단측구

(3) 비탈끝 측구

쌓기부 비탈끝 측구에는 V형 측구, U형 측구, 토사측구 등이 있으며, 설계 방법은 다음과 같다.

① V형 측구

V형 측구는 측구의 높이(H)에 따라 3가지 형식으로 구분할 수 있으며, 측구 높이의 변화에 따른 측구 형식별로 통수량과 설계홍수량을 산정한다. 이때 통수량은 Manning의 유량공식을 사용하고 설계홍수량은 합리식을 사용하여 계산하며, 다음은 V형 측구의 수리 계산 과정과 실제 설계 실례를 나타낸 것이다.

표 5.3 V형 측구 수리·수문 계산 방법

계산단계	계산 입력 변수	계산 결과
1단계	수위, 통수단면적, 동수반경, 윤변	V형 측구의 종방향 경사를 변수로 하는 통수량
2단계	V형 측구의 종단경사	V형 측구의 종단경사별 통수량
3단계	유출계수, 강우강도, 유역 면적	V형 측구로 유입되는 배수면적의 설계홍수량

- 1단계 계산: 종단경사를 변수로 하는 통수량 계산(Manning 공식 사용)

입력변수 측구 형식	수위 (m)	윤변 (m)	통수단면적 (㎡)	동수반경 (m)	$R^{\frac{2}{3}}$ (m)	Q (㎥/sec)
형식 1(H=0.45m)	0.360	1.25170	0.21888	0.17487	0.31271	$3.65045 \times I^{\frac{1}{2}}$
형식 2(H=0.60m)	0.480	1.50227	0.30912	0.20577	0.34854	$5.74617 \times I^{\frac{1}{2}}$
형식 3(H=1.00m)	0.n800	2.17045	0.59200	0.27275	0.42058	$13.27911 \times I^{\frac{1}{2}}$

- 2단계 계산: 종단경사별 통수량 계산(안전을 고려하여 형식별 측구 높이의 80% 고려)

종단경사 측구 형식	1%	2%	3%	6%	8%	10%
형식 1(H=0.45m)	0.365	0.516	0.632	0.894	1.033	1.154
형식 2(H=0.60m)	0.575	0.813	0.995	1.408	1.625	1.817
형식 3(H=1.00m)	1.328	1.878	2.300	3.253	3.756	4.199

- 3단계 계산: 설계홍수량 계산(합리식 사용)

유출계수 유역 면적(㎢)	0.2	0.3	0.4	0.5	0.6	0.7	0.8	0.9
0.005	0.033	0.050	0.066	0.083	0.100	0.116	0.133	0.149
0.010	0.066	0.100	0.133	0.166	0.199	0.232	0.265	0.299
0.050	0.332	0.498	0.663	0.829	0.995	1.161	1.327	1.493
0.100	0.663	0.995	1.327	1.659	1.990	2.322	2.654	2.985
0.150	0.995	1.493	1.990	2.488	2.985	3.483	3.981	4.478
0.200	1.327	1.990	2.654	3.317	3.981	4.644	5.308	5.971
0.250	1.659	2.488	3.317	4.147	4.976	5.805	6.634	7.464
0.300	1.990	2.985	3.981	4.976	5.971	6.966	7.961	8.956
0.350	2.322	3.483	4.644	5.805	6.966	8.127	9.288	10.449
0.400	2.654	3.981	5.308	6.634	7.961	9.288	10.615	11.942

② U형 측구

U형 측구는 측구 형식에 따라 5가지 형식으로 구분할 수 있으며, 측구 형식별로 통수량과 설계홍수량을 산정한다. 이때 통수량은 Manning의 유량공식을 사용하고 설계홍수량은

합리식을 사용하여 계산하며, 다음은 U형 측구의 수리계산 과정과 실제 설계 실례를 나타낸 것이다.

표 5.4 U형 측구 수리·수문 계산 방법

계산 단계	계산 입력 변수	계산 결과
1단계	수위, 통수단면적, 동수반경, 윤변	U형 측구의 종방향 경사를 변수로 하는 통수량
2단계	U형 측구의 종단경사	U형 측구의 종단경사 별 통수량
3단계	유출계수, 강우강도, 유역 면적	U형 측구로 유입되는 배수면적의 설계홍수량

- 1단계 계산: 종단경사를 변수로 하는 통수량 계산(Manning 공식 사용)

(n=0.015)

입력 변수 / 측구 형식	수위 (m)	단면폭 (m)	윤변 (m)	통수단면적 (㎡)	동수반경 (m)	$R^{\frac{2}{3}}$ (m)	Q (㎡/sec)
형식 1	0.118	0.600	0.536	0.035	0.065	0.162	0.30277 x I ½
형식 2, 3, 4	0.600	1.080	1.800	0.360	0.200	0.342	6.56640 x I ½
형식 5	0.500	0.900	1.300	0.225	0.173	0.311	5.96352 x I ½

- 2단계 계산: 종단경사별 통수량 계산

종단경사(%) / 측구 형식	0.3	1.0	2.0	3.0	4.0	5.0	6.0	7.0	8.0	9.0	10.0
형식 1	0.0166	0.0303	0.0428	0.0524	0.0606	0.0677	0.0742	0.0801	0.0856	0.0908	0.0957
형식 2, 3, 4	0.3597	0.6566	0.9286	1.1373	1.3133	1.4683	1.6084	1.7373	1.8573	1.9699	2.0765
형식 5	0.3266	0.5964	0.8434	1.0329	1.1927	1.3335	1.4608	1.5778	1.6867	1.7891	1.8858

5.4.2 깎기부 비탈면 배수시설

땅깎기 비탈면의 배수시설을 계획할 때는 땅깎기면과 접속하는 자연 비탈면에서도 표면수가 유입되지 않도록 배수로 또는 측구 등을 설치하여 물의 유하 방향을 바꾸거나, 물을 저장하여 비탈면 붕괴를 방지할 필요가 있다. 또한 규모가 큰 비탈면의 경우에는 강우 시에 비탈면을 유하하는 물이 하부에 상당히 많이 모이기 때문에, 표면수로 인한 침식을 막기 위하여 소단에 측구를 설치하여 유하수를 배제할 필요가 있다.

대표적인 깎기부 비탈면 배수시설으로는 1) 깎기부 도수로, 2) 깎기부 소단측구 등을 꼽을 수 있으며, 상기 깎기부 비탈면 배수시설의 설계 방법은 다음과 같다.

(1) 깎기부 도수로

땅깎기부 도수로는 산마루측구 및 소단측구에 흐르는 물을 배수하기 위해 설치하며, 도수로는 소단 연장이 100m 이하일 때는 산마루측구를 이용한다. 소단이 100m를 넘을 경우에는 유량계산에 의해 도수로의 위치를 결정하나 최대 간격은 100m를 한도로 하며, 현지 여건에 따라 소단배수로 형태를 조정하여 적용할 수 있다.

현재 도로 배수시설 설계 실무에서 쌓기부 도수로의 단면은 다음 표를 이용하여 결정하고 있다. 그러나 표 5.5에 표현되어 있는 도수로 규격별 적용기준에 대한 수리·수문학적 근거는 없기 때문에 적용 전 담당감독과 협의하여 설치한다.

표 5.5 깎기부 도수로의 적용기준

규격(m/m)	유량 Q(㎥/sec)	면적 A(㎢)	유역 면적(㎡)
300×250	0.210	0.0099	10,000 이하
400×350	0.392	0.0186	10,000~18,000
500×450	0.630	0.0299	18,000~30,000
600×500	0.840	0.0399	30,000~40,000

(도로설계기준, 2001)

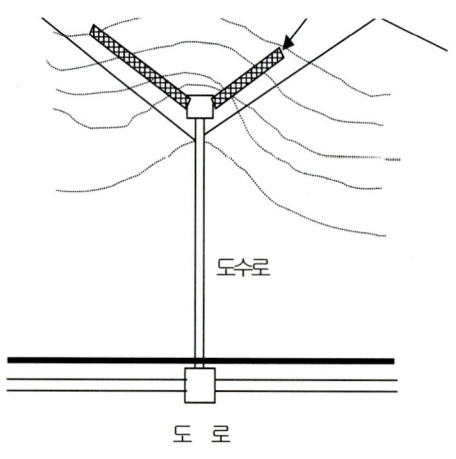

도수로

도 로

그림 5.22 땅깎기부 도수로의 설치(예)

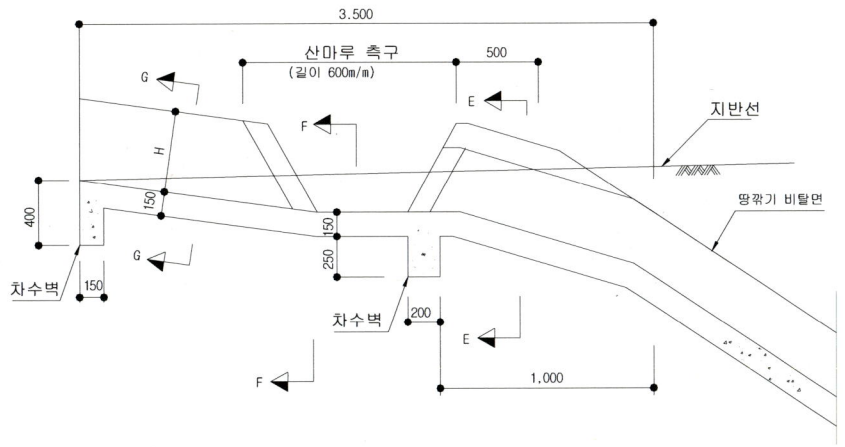

그림 5.23 땅깎기부 도수로(예)

(2) 깎기부 소단측구

깎기부 소단측구의 단면 제원 계산은 수리·수문학적 해석 과정 없이 주어진 설계 표준도만으로 설계하고 있으며, 깎기부 소단측구 연장의 법선 방향으로 설치되는 깎기부 도수로의 간격 결정을 위해서 통수량을 산정하고 있으며, 다음 그림은 깎기부 소단측구의 표준단면이다.

5.5 도로배수 취약구간 설계

5.5.1 개요

강우 시 도로노면의 물고임이나 종·횡경사 불량 및 시설물의 배수용량 부족 등의 여러 가지 다양한 원인으로 인하여, 도로 배수유역 내 배수가 원활하지 못하여 교통사고, 포장 파손, 비탈면 붕괴 등의 피해를 주는 등과 같은 도로배수 취약구간에는 이를 방지할 수 있도록 설계하여야 한다.

도로배수 취약구간은 다음과 같은 단계를 거쳐서 도로배수의 불량이 되는 원인을 자세하게 조사·분석하여, 해당 취약구간에 적합한 기하구조 및 수리·수문 설계 방법을 사용하여야 한다.

5.5.2 취약구간 조사방법

도로배수 취약구간에 대한 조사는 문헌조사와 현장조사를 병행하여 수행하며, 문헌조사에는 도로건설 구간에 해당되는 도로공사설계보고서, 도로 설계도면 등이 있으며, 현장조사에는 도로 관리기관에서 계속적으로 축적 및 보유 중인 도로배수 불량구간에 대한 세부적인 자료와 민원제기 자료 등이 있다.

(1) 현장도면 분석

도로건설 공사지역의 현장도면 분석은 도로배수 불량구간에 대한 현장조사(site investigation) 전에 수행하는 것이 효과적이며, 국토해양부나 한국도로공사에서 보유 중인 대상구간의 설계도 또는 준공도면을 입수하여 도로건설공사 대상구간에 대한 현황분석을 수행하고 배수불량에 대한 문제점을 사전에 인지하는 데 도움이 된다.

현장도면을 이용하여 도로건설 공사구간의 ① 배수계획도와 배수구조물의 현황, ② 세부구간별 횡단면도 및 편경사 설치도, ③ 도로의 평면선형 및 종단선형도, ④ 포장계획도 및 부대시설도 등을 파악한다.

조사된 항목을 이용하여 현장조사 시에 배수불량 현장에 대한 확인 자료로 사용하여, 현장 조사 이전에 도로배수와 관련된 각종 설계요소들을 분석하고, 분석된 도면에 대하여 상세도면을 작성하여 도로건설 공사지역 내 배수불량 구간도면으로 Data Base화하여 활용한다.

(2) 현장 세부조사

현장 세부조사는 도로배수 취약구간을 도면으로만 분석하는 한계를 극복하고, 배수 취약구간의 입체적인 기하구조의 검토를 수행하기 위해서 필요하다.

도로배수 불량구간이라 예상되는 지역에 대하여 유형별로 대표구간 및 동일구간의 사진을 반복하여 촬영하고, 도로 기하구조 및 수리·수문 세부 항목에 대하여 도보를 통하여 면밀히 관찰하며, 현장 조사를 통해 확보한 취약구간의 정보와 설계도면 내 자료의 일치 여부를 종합적으로 판단하여, 도로의 배수불량 요소로 판단되는 지점이나 구간에 대하여 법령, 지침, 요령 등을 종합적으로 검토하고, 이를 DB로 만들어 관리한다.

현장 조사 시 수행해야 하는 세부적인 내용은 다음과 같다.

표 5.6 도로배수 취약구간 현장조사항목

구분		주요 세부 내용
기하구조	평면선형	평면곡선반경, 평면곡선길이,
	횡단/편경사	편경사 적정 여부
	종단선형	종단선형 적정 여부, 종단경사 적정여부, 종단곡선 길이
	진출입시설	진출입시설 적정여부, 가감속차로, Ramp 편경사
배수시설	설치 위치	배수구조물의 설치 위치 적정성 검토
	설치간격	노면 배수시설의 설치간격 검토
	유지관리	현장을 통한 유지관리 여부 검토
포장	노면포장	포장상태 여부 조사(포장재료별)
구조물	교량 및 터널	교량 및 터널 접속구간 배수불량 검토

5.5.3 도로배수 취약구간 설계

도로 배수유역 내 강우가 직접적 또는 간접적 원인이 되어 발생하는 도로배수 취약구간의 설계는 도로 기하구조 요소와 수리·수문 요소로 구분할 수 있으며, 구체적인 설계방법은 다음과 같다.

가. 도로 기하구조 요소

(1) 도로의 편경사 변화구간

도로의 편경사는 노면 물고임 현상을 피하고 우천 시 물웅덩이의 발생을 방지하기 위해서 필요하며 배수의 필요성을 고려하여 설계되어야 한다.

도로의 편경사는 노면 물고임 현상을 피하고 강우 시 물웅덩이의 발생을 방지하기 위해서 필요하며 배수의 필요성을 고려하여 설계되어야 한다. 편경사의 설치는 원칙적으로 완화곡선 전 구간에 걸쳐서 설치하여야 하며, 역으로 말하면 완화곡선의 길이는 편경사를 완전하게 변화시켜 설치할 수 있는 길이 이상이어야 한다. 그 길이는 다음 식 5.22에 의하여 결정한다.

$$Ls = \frac{B \triangle i}{q} \qquad \text{식 5.22}$$

여기서, Ls: 편경사의 설치길이(m)

B: 기준선에서 편경사가 설치되는 곳까지의 폭(m)

$\triangle i$: 횡단경사 값의 변화량(%/100)

q: 편경사 접속설치율(m/m)

특히 도로의 곡선부에서의 편경사의 변화는 최대편경사를 고려한 범위 내에서 표준경사 값에서 최대편경사 값으로 변화하게 되는데 편경사의 값이 변화하는 과정에서 표준경사(-2%) 이하의 변화구간이 생기게 된다. 편경사의 값이 -2%에서 +2%까지 변화하는 구간에서는 노면 배수의 흐름이 원활하지 못하는 경우가 생기게 된다.

상기와 같이 도로의 편경사로 인한 배수불량의 문제를 해소하기 위해서 다음과 같은 방법을 사용한다.

① 단기 개선방안

· 사선방향 그루빙 설치로 초기 노면 배수처리의 원활을 도모

· 배수를 고려한 사선방향 그루빙은 차량 진행방향에 45~90°, 20~40m 간격으로 설치한다.

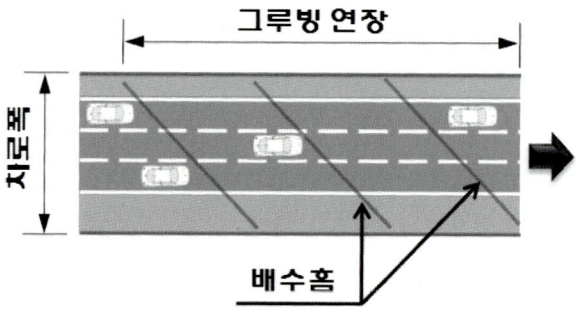

그림 5.24 사선방향 그루빙 설치

· 그루빙의 효과는 노면결빙의 억제, 수막현상의 감소를 통하여 노면 배수효과가 약 10배 정도 우수한 것으로 나타났으며, 미끄럼저항도 증가하여 우천 시 미끄럼사고의 예방효과도 있음.

② 중기 개선방안

- 배수성 포장 적용
· 공극률이 높은(20% 이상) 다공성의 혼합물을 사용하여 포장체 내부공극으로 배수하는 포장형식으로 우천 시 노면 배수불량구간의 신속한 노면 배수처리를 위해 적용함.
· 적용구간 평면곡선부(완화구간)와 종단곡선 저점부(-0.5%~최저점+0.5%)가 동일한 개소에서 발생

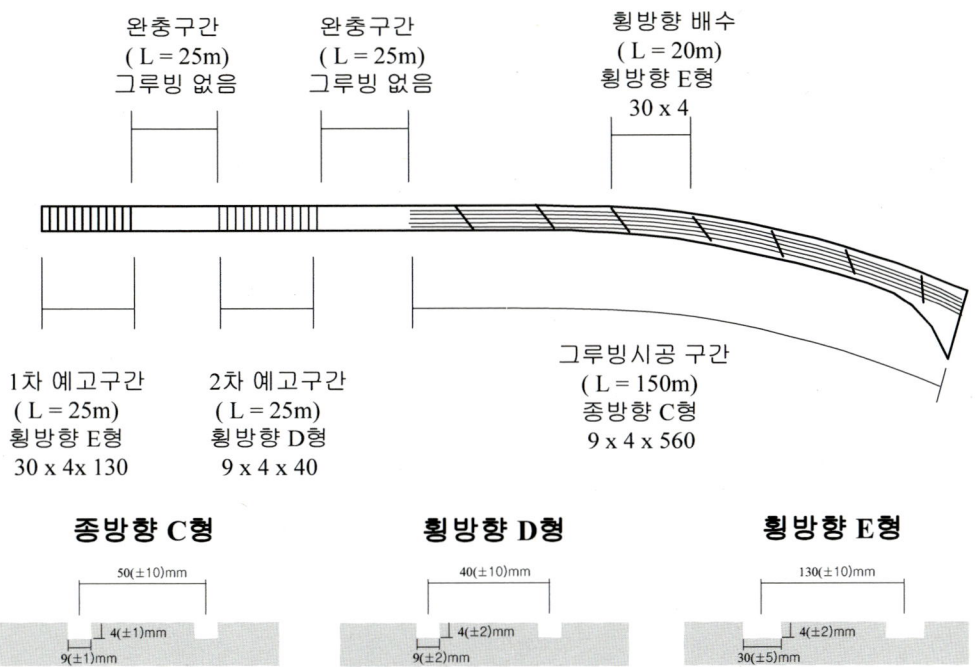

완충구간
(L = 25m)
그루빙 없음

완충구간
(L = 25m)
그루빙 없음

횡방향 배수
(L = 20m)
횡방향 E형
30 x 4

1차 예고구간
(L = 25m)
횡방향 E형
30 x 4x 130

2차 예고구간
(L = 25m)
횡방향 D형
9 x 4 x 40

그루빙시공 구간
(L = 150m)
종방향 C형
9 x 4 x 560

종방향 C형

50(±10)mm
4(±1)mm
9(±1)mm

횡방향 D형

40(±10)mm
4(±2)mm
9(±2)mm

횡방향 E형

130(±10)mm
4(±2)mm
30(±5)mm

그림 5.25 편경사 변화구간 그루빙 설치도(한국도로공사 설계실무 자료집)

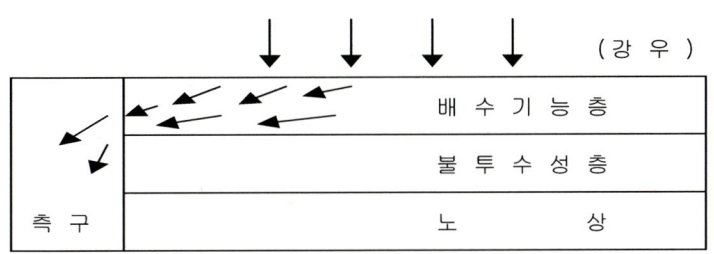

(강 우)

배 수 기 능 층

불 투 수 성 층

측 구

노 상

그림 5.26 배수성 포장 개요

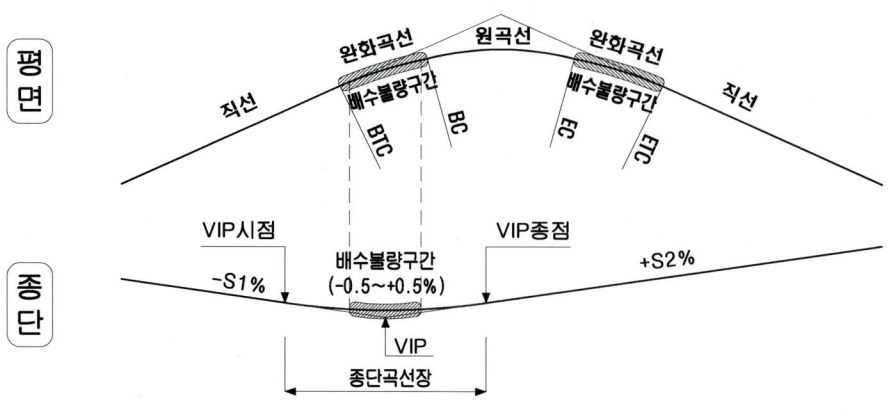

그림 5.27 완화구간과 종단곡선 저점부 중복구간

· 곡선부 중분대 배수

표층은 도로계획고에 맞추어 계획하고, 배수성포장 구간 내 배수시설물은 표층두께만
큼 하향조정

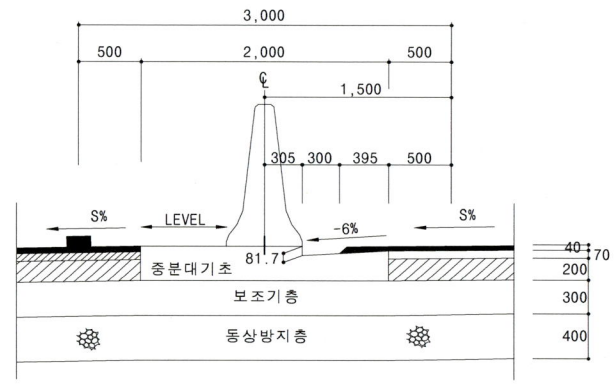

그림 5.28 곡선구간 중분대 배수

· 길어깨 배수

길어깨 끝단에 홈(B=10cm) 형성하고, 종단곡선 오목구간은 다이크 높이를 조정(15→
20cm)한다.

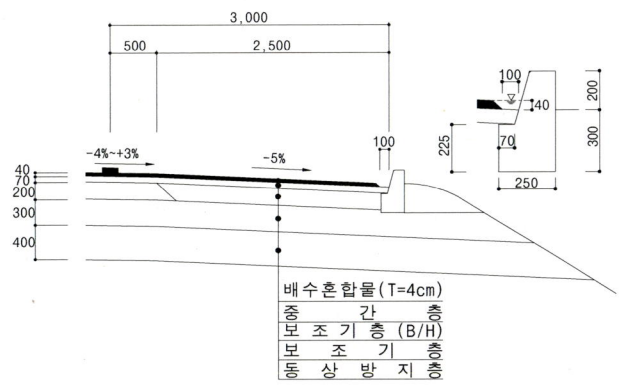

그림 5.29 길어깨 배수

· 교량구간 배수

교량단부에서의 배수처리는 배수구를 통하여 배수토록 계획한다.

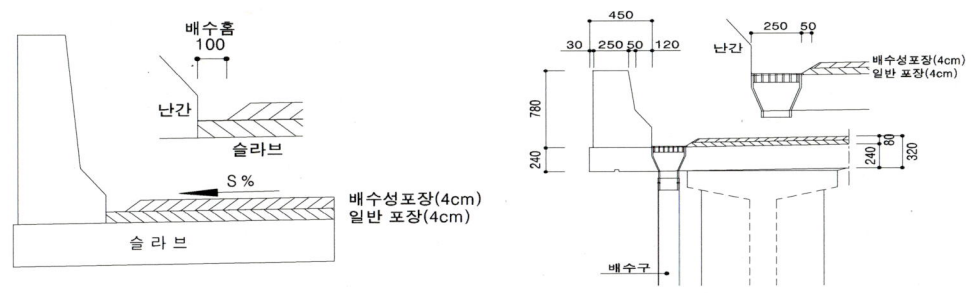

그림 5.30 교량구간 배수

- 중분대 집수정 개선

· 편경사 변화구간 등 경사가 완만한 구간에서는 배수처리능력이 부족하나, 중분대 집
수정 시공성을 고려 최소간격 5m로 적용 중이므로 중분대 배수용량 증대를 통하여
중분대 배수 취약구간 기능개선 및 시공성 저하 최소화를 도모함.

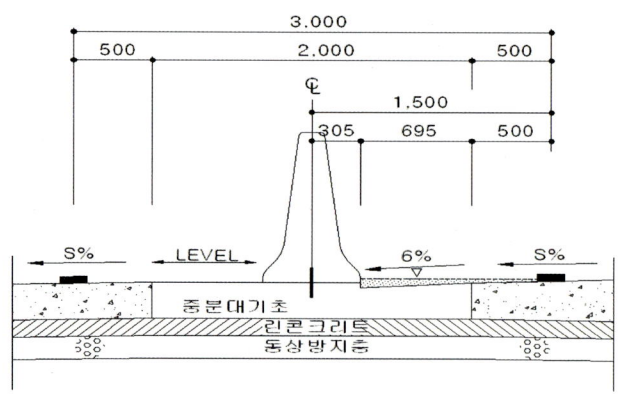

그림 5.31 중분대 기초(편경사 6%)

·적용구간

편경사 변화구간 시점~최대편경사구간~편경사 변화구간 종점(곡선구간 전체)과 일반
구간과 접속처리는 중분대 집수정 위치에서 조정한다.

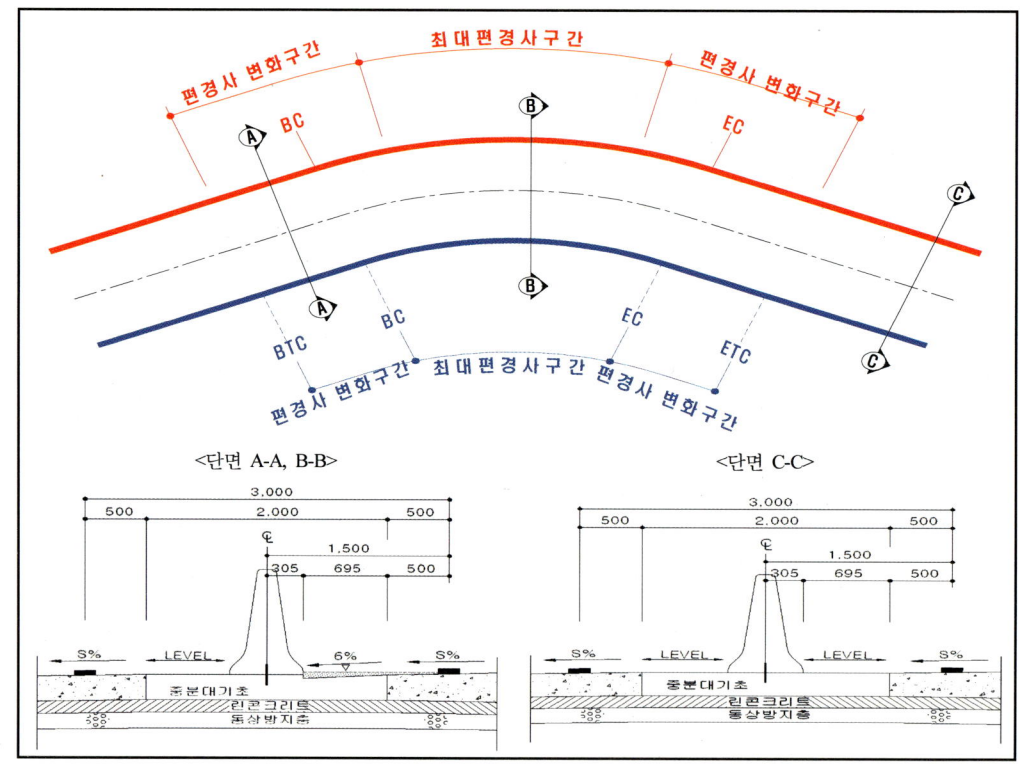

그림 5.32 곡선부 중분대 집수정 개선안 개요도

③ 장기 개선방안

・독일에서 적용하는 합성경사를 활용하여 편경사와 종단경사를 고려한 적정 범위를 산정하는데, 합성경사 산정식은 다음과 같다.

$$S = \sqrt{i^2 + J^2}$$ 식 5.23

여기서, S: 합성경사 (%)

i : 편경사 또는 횡단경사(%)

J : 종단경사(%)

・편경사의 적정 범위는 합성경사 1.5% 곡선과 합성경사 8% 곡선의 사이로 국내 최소 종단경사와 최대종단경사 규정을 고려하여 산정한다(표 5.7 참조).

표 5.7 합성경사 값의 적정 범위

종단경사 편경사	0.0	0.5	1.0	1.5	2.0	2.5	3.0	3.5	4.0	4.5	5.0
0	0.0	0.5	1.0	1.5	2.0	2.5	3.0	3.5	4.0	4.5	5.0
±1	1.0	1.1	1.4	1.8	2.2	2.7	3.2	3.6	4.1	4.6	5.1
±2	2.0	2.1	2.2	2.5	2.8	3.2	3.6	4.0	4.5	4.9	5.4
±3	3.0	3.0	3.2	3.4	3.6	3.9	4.2	4.6	5.0	5.4	5.8
±4	4.0	4.0	4.1	4.3	4.5	4.7	5.0	5.3	5.7	6.0	6.4
±5	5.0	5.0	5.1	5.2	5.4	5.6	5.8	6.1	6.4	6.7	7.1
±6	6.0	6.0	6.1	6.2	6.3	6.5	6.7	6.9	7.2	7.5	7.8
±7	7.0	7.0	7.1	7.2	7.3	7.4	7.6	7.8	8.1	8.3	8.6
±8	8.0	8.0	8.1	8.1	8.2	8.4	8.5	8.7	8.9	9.2	9.4

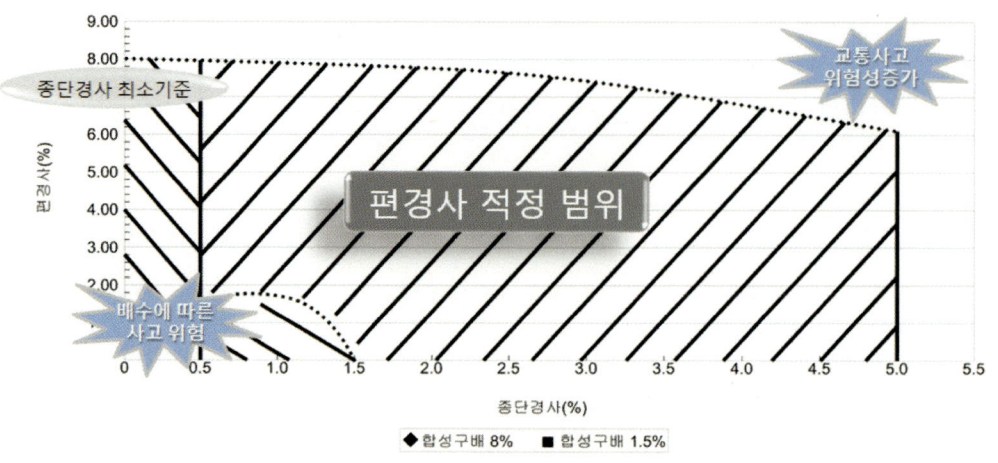

그림 5.33 종단경사에 따른 편경사의 범위

(2) 도로 종단곡선 오목부

종단곡선 오목부의 경우 종단곡선 최저점부에 T형 집수거와 도수로 설치 후 전후에 25m, 50m 추가로 설치하나 종단곡선의 형태 및 종단경사에 따른 적절한 간격을 도출하여 설계한다.

비탈면 도수로는 유량이 길어깨 또는 길어깨 측구의 허용 통수량과 같게 되는 곳, 길어깨 또는 길어깨 측구의 종단 최요부(最凹部), 교량 고가 구간 및 연약지반, 암거 평행식 날개벽 상부의 법면이 2단(높이 12m) 이상이고 날개벽 상부를 포함한 파라펫트 길이가 20m 이상인 경우의 암거 날개벽 끝단부·인근 횡배수관 흙쌓기부 연결부·높은 흙쌓기 구간에서 장차 흙쌓기의 침하에 의하여 길어깨 배수에 지장을 준다고 예상되는 곳에 설치한다.

비탈면 도수로의 간격은 30~150m의 범위를 원칙으로 한다. 그러나 길어깨의 빗물만을 배수시키는 비탈면 도수로의 간격은 최대 300m로 설치할 수 있다. 또한 산악지의 경우 노면수를 적절하게 처리하지 못할 경우 쌓기비탈면의 붕괴로 인한 도로유실이 발생할 수 있으므로 최대설치간격을 70m로 설치한다.

길어깨에 흐르는 물을 모아서 비탈면 도수로에 흘러 들어가게 하는 유입구(집수거)를 설치하여야 한다. 또한 계산상 도수로의 간격이 30m인 경우에는 인근 도수로의 규격을 키우거나 길어깨 측구 등 별도의 대책을 강구한다.

종단곡선 오목부의 경우 종단곡선 최저점부에 아래 그림과 같은 T형 집수거와 도수로 설치 후 전후에 25m, 50m 추가로 설치하나 종단곡선의 형태 및 종단경사에 따른 적절한 간격 제시가 없으므로 오목부의 적정 배수 구조물 간격을 도출하는 것이 필요하다.

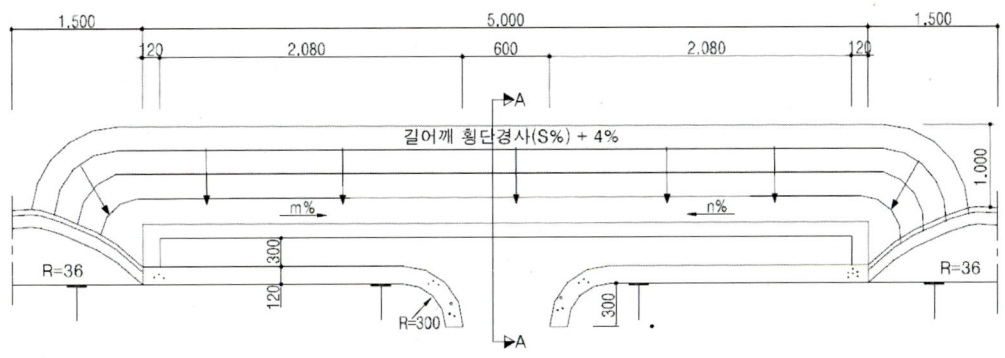

그림 5.34 쌓기부 다이크 집수거(T형)

현재 종단곡선 오목부의 경우 종단곡선 최저점부에 T형 집수거와 도수로 설치지점 전후에 25m와 50m 위치에 추가로 설치하고 있으나, 오목부의 종단선형 제원에 관계없이 적용되고 있으므로 외국에서 사용되는 "Model Drainage Manual(AASHTO; 2005)"과 "Land Development Handbook(Dewberry)"에 명시되어 있는 오목 저점부 구간의 집수정 설치간격 산정방법과 공식을 적용하였다.

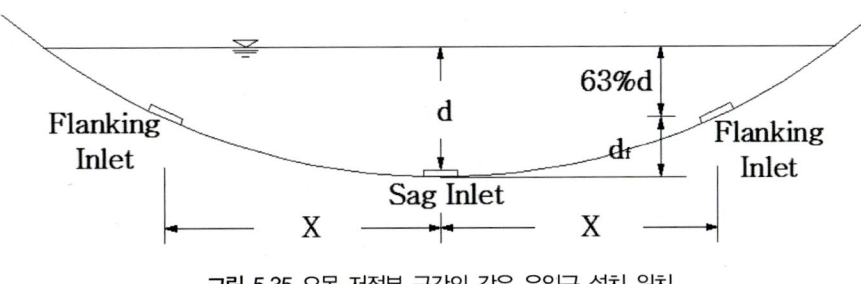

그림 5.35 오목 저점부 구간의 강우 유입구 설치 위치

오목저점부의 T형 집수거 설치 후, 좌우에 설치되는 도수로의 간격은 식 5.24에 의하여 정한다.

$$x = \sqrt{200 \, d_f k_f} \qquad\qquad 식\ 5.24$$

여기서 x는 종단오목저점부에서 flanking inlet까지 거리(m), d_f 는 flanking inlet의 깊이, k_f 는 도로종단곡률이고 식 5.25와 식 5.26으로 결정된다.

$$d_f = d - 0.63d \qquad\qquad 식\ 5.25$$

$$K_f = \frac{L_c}{S_2 - S_1} \qquad\qquad 식\ 5.26$$

여기서 L_c 는 종단곡선길이, S_2 와 S_1 은 종단상 서로 반대쪽에 위치한 flanking inlet 지점의 경사이다.

[설계 예시]
□ 중부내륙고속도로 양평방향(9+640~10+060)

노선	구간	방향	평면곡선반경	길어깨 횡단경사		종단경사		종곡선 길이
				내측	외측	S1	S2	
중부내륙고속도로	9+940~10+060	양평	750	-5%	-2%	-0.400	0.560	120

(1) K_f 값 계산

$K_f = \dfrac{L_c}{S_2 - S_1} = \dfrac{120}{0.56 - (-0.4)} = 125.0$

(2) d_f 값 결정

- 내측부 $d = S_X T = 0.05 \times 2.5 = 0.125m$ (S_X 는 길어깨 횡단경사, T = 길어깨 통수폭)

$d_f = d - 0.63d = 0.125 - (0.63 \times 0.125) = 0.04625m$

- 외측부 $d = S_X T = 0.02 \times 2.5 = 0.05m$ (S_X 는 길어깨 횡단경사, T = 길어깨 통수폭)

$d_f = d - 0.63d = 0.05 - (0.63 \times 0.05) = 0.0185m$

(3) 오목부 도수로 간격계산

- 내측부 $x = \sqrt{200\,d_f k_f} = \sqrt{200 \times 0.04625 \times 125} = 30.4m$
- 외측부 $x = \sqrt{200\,d_f k_f} = \sqrt{200 \times 0.0185 \times 125} = 21.5m$

나. 도로 수리·수문 요소

(1) 설계 강우강도 산정

국내 도로 배수유역의 지형·기하구조 특성과 수리·수문 특성을 고려하여 반영할 수 있는 설계 강우강도를 사용한다.

현재 도로 배수시설물 설계에 사용 중인 강우강도는 시간단위 강우강도로 강우지속시간이 최소 10분(0.1667hr)을 적용하고 있다. 그러나 이러한 시간단위 강우강도는 일반 하천유역에 적합한 것으로써 도로 배수유역에는 적용하기가 어렵다.

도로 배수유역에의 강우지속시간(t)은 일반적으로 10분 내외이며, 특히 도로노면을 유하하는 강우의 지속시간은 극히 짧기 때문에(t≤5min), 국토해양부 연구과제를 통하여 그 적용성이 이미 검증된 1분 단위 강우강도를 사용하도록 한다.

표 5.8 강우강도 산정방법 비교

구분	시간단위 강우강도	1분 단위 강우강도
강우지속시간(도달시간)	최소 10분 이상만 적용 가능	10분 이하에 적용 가능
수문관측소	68개소	182개소

강우지속시간의 변화에 따른 시 단위 강우강도와 분 단위 강우강도의 차이를 검토하기 위해서, 국토해양부에서 국책 연구로 수행한 「배수시설 설계기술 개발」 연구 과제를 통해 도출된 결과 중 일부를 다음 표 5.9와 같이 비교하였다.

비교 및 검토한 결과 강우지속시간이 1분에서 5분까지 수문관측소별 강우강도값은 최소 2배에서 6배까지 차이가 발생하는 것으로 밝혀졌다.

표 5.9 강우지속시간별 강우강도 비교

강우지속시간 (min)	수문관측소 지점별 강우강도(mm/hr)					
	인천		수원		서산	
	분 단위	시 단위	분 단위	시 단위	분 단위	시 단위
1	797.2	191.9	1065.8	287.5	794.0	326.5
2	486.0	176.9	626.3	235.2	503.2	253.4
3	363.8	165.7	458.9	205.2	385.4	214.8
4	296.3	156.8	368.0	185.2	318.9	190.0
5	252.6	149.4	310.2	170.6	275.4	172.2
10	154.0	125.0	182.3	130.5	174.5	125.3
60	42.8	65.4	46.1	62.6	53.7	52.6

(2) 수로 흐름 해석

도로 배수유역에 계획 및 설치되는 각종 수로(또는 측구)의 단면 결정 시 수로 종방향으로 거리증감에 따라 수심변화 계산이 가능한 흐름해석 방법을 사용한다.

도로 배수설계 시 강우의 흐름해석은 등류해석과 부등류 해석으로 구분되며, 도로노면과 같이 수로의 종단방향으로 경사가 급격하게 자주 변하는 경우에는 도로노면에 설치되는 다이크, L형 측구, 중분대 집수정으로 형성되는 측구수로의 수위가 거리에 따라 변하게 된다.

그러나 현재 사용 중인 등류해석 방법은 해석구간 내 수위가 일정하다는 기본개념을 가지고 설계되고 있으므로, 강우 시 실제 도로노면의 수위 변화를 반영하지 못하고 있다.

전술한 것과 같이 현재 도로설계 실무에서 사용 중인 등류 흐름 해석방법은 강우 시 측구수로 임의구간의 수위는 동일하다고 가정하고 배수시설물의 설치간격을 계산하는 방법이다. 그러나 실제 강우 시 도로노면의 쌓기부 길어깨 수로와 깎기부 L형 측구수로, 그리고 중분대로 형성되는 수로 내에서 형성되는 수위는 도로종단 방향으로 거리의 증감에 따라 변화한다. 따라서 현재 설계 실무에서 사용 중인 등류 흐름 해석방법은 도로노면 배수취약구간에 적용하기에 부적합하고, 국토해양부 연구과제를 통해 그 적용성이 검증된 부등류 흐름 해석방법을 적용하는 것이 바람직하다고 할 수 있다.

등류해석 방법을 대체할 수 있는 부등류 해석 방법은 강우의 흐름 방향으로 구간 거리에 따른 수위의 변화를 제대로 반영할 수 있는 방법으로써, 도로 배수설계와 관련한 여러 지침에는 부등류 해석 방법도 등류해석 방법과 병행하여 사용할 수 있도록 제시하고 있으나, 현재까지 부등류 해석 방법의 사용 시 계산상 어려움 등으로 인하여 실무에 반영이 되지 못하였다. 따라서 본 연구에서는 도로노면 측구수로의 흐름해석 방법으로 부등류 해석 방법을 사용하는 것을 제안하고자 한다.

표 5.10 도로노면 측구수로의 흐름해석 방법 비교

구 분	등류해석	부등류 해석
지배방정식	$Q = A \cdot \dfrac{1}{n} R^{\frac{2}{3}} S^{\frac{1}{2}}$ (Manning 제시 공식)	$\dfrac{dy}{dx} = \dfrac{S_o - S_f - (2Q/gA^2)(dQ/dx)}{1 - (Q^2/gA^2 D)}$ (운동량 방정식)
수로 내 수위	구간 내 수위 동일	구간 내 수위 변화

(3) 노면 배수 방식

도로노면의 강우는 최대한 신속하게 하천으로 배제시키는 것이 필요하며, 노면의 강우를 신속하게 배제시키기 위해서는 도로노면 강우의 지체시간이 최소가 되어야 하며, 특히 도로배수 취약구간에는 집수정을 통한 우수의 배제보다 더 효과적인 방법을 사용해야 한다.

현재 도로노면의 강우는 ⅰ) 집수거를 통한 도수로, ⅱ) L형 측구를 통합 집수정, 그리고 ⅲ) 중앙분리대 집수정을 통하여 배수를 시키고 있으며, 열거한 도로노면의 대표적인 배수방법의 공통점은 노면에 내린 강우를 노면 내 특정 지점이나 위치에서 시설물을 통하여 도로부지 바깥으로 배제시키는 형태(점배수 방식)로 운영되고 있다.

도로노면 배수 취약구간 중에서 수리·수문 요소들을 개선하여 배수불량을 해결할 수 있는 구간들은 ⅰ) 도로노면의 편경사가 변화하는 구간, ⅱ) 도로 곡선부 구간, ⅲ) 도로의 종단 오목부 구간 등으로 대표할 수 있다.

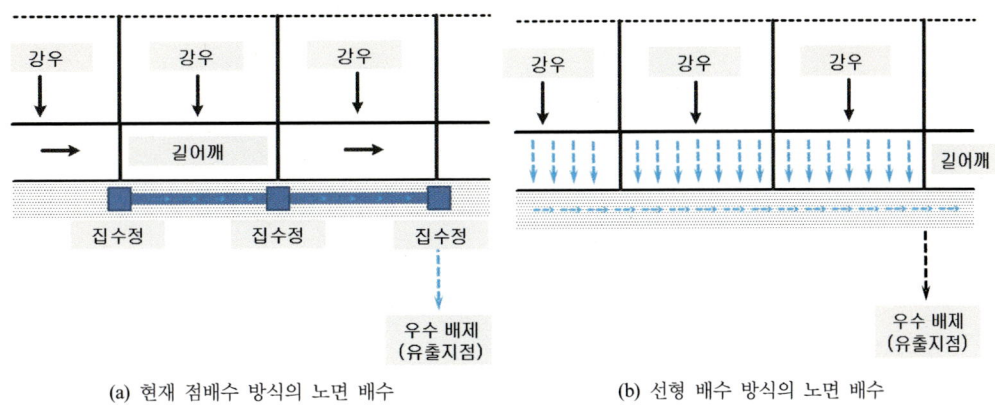

(a) 현재 점배수 방식의 노면 배수   (b) 선형 배수 방식의 노면 배수

그림 5.36 도로노면 배수 방식의 비교

참고문헌

건설교통부(2000), 1999년도 수자원관리기법 개발연구조사 보고서 제1권 「한국확률강우량도 작성」.

건설교통부(2001), 「도로설계편람」(토공 및 배수편).

건설교통부(2002), 「도로시설 및 설계기준 개선방안연구 최종보고서」.

건설교통부(2003), 「도로배수시설설계 및 유지관리 지침」.

건설교통부(2003), 「도로암거표준도」.

건설교통부(2006), 「국도건설공사 설계실무요령」.

국토해양부(2010), 「친환경. 지능형도로설계기술개발최종보고서」.

기상연구소(1998), 「목표 시간률에 따른 국내지역별 강우강도 분포 예측 모델 연구. 정보통신 연구개발사업 위탁 연구보고서」.

기상연구소(1999), 「전국 지역별 분 강우강도 DB 구축에 관한 연구. 정보통신 연구개발사업 위탁 연구보고서」.

한국도로공사(2002), 「도로설계요령(토공 및 배수)」.

한국상하수도협회(2005), 「하수도 시설기준」.

한국수자원학회(2005), 「하천설계 기준 및 해설」.

한국수자원학회(2003), 「하천설계기준」.

한국전자통신연구원(2001), 「전국 지역별 분 강우강도 DB 구축 연구」.

구지희(2001), 「GIS를 이용한 도로 배수시설 통합시스템의 개발」, 박사학위논문, 서울대학교.

구지희·박승우·강문성(2002), 「도로배수설계를 위한 소유역 설계홍수량 추정」, 『2002년 한국수자원학회 학술발표회 논문집』, 제2권, pp.1217-1222.

김경준·유철상(2007), 「강우공간상관구조의 변동 특성」, 『한국수자원학회 논문집』, 제40권, 제8호, pp.943-956.

김성중·최흥식·김상호·김성훈(2003), 「섬강 시험유역에 대한 강우-유출 해석」, 『2003년 한국수자원학회 학술발표회 논문집』, 제2권, pp.671-674.

김홍상·조강식(1996), 「다차선 고속도로 노면배수시설 개선방안연구」, 『상지대학교 산업기술연구원 논문집』, 제15권, pp.21-29

로드택, 소프트택데이터시스템(http://www.softtac.co.kr).

류택희(2002), 「우수받이 차집능력에 관한 실험적 연구」, 석사학위논문, 경기대학교.

송병현·김미자·서애숙(2001), 「남한지역에서 1분 강우관측 자료연구」, 『한국기상학회지』, 제37권, 제1호, pp.39-52.

우효섭(2002), 『하천수리학』, 청문각.

유철상·김인배·류소라(2003), 「우량계의 밀도 및 공간분포 검토: 남한강 유역을 중심으로」, 『한국수자원학회 논문집』, 36(2), pp.173-181.

유철상·박창열·김경준·전경수(2007), 「모포마 분포를 적용한 분 단위 강우강도-지속시간-재현기간 관계의 유도」, 『한국수자원학회 논문집』, 제40권, 제8호, pp.643-654.

유철상·하은호·김경준(2006), 「강우의 공간상관구조에 대한 무강우 자료의 영향」, 『한국수자원학회 논문집』, 한국수자원학회, 제39권, 제2호, pp.127-138.

윤용남(2005), 『공업수문학』, 청문각.

이상국(2002), 「노면 배수 집수정의 유입효율 분석」, 석사학위논문, 연세대학교.

이종태·김영란·김갑수·윤세의·박영민(2003), 「도로 노면의 형상과 강우의 임계 지속시간을 고려한 적정 우수 유출량 산정 및 영향분석」, 『상하수도학회지』, 제17권, 제2호, pp.291-298.

임동환(2003), 「빗물받이 차집능력 분석을 위한 수리모형실험」, 석사학위논문, 경기대학교.

AASHTO(1991). "Model Drainage Mannual."

AASHTO(1998). "Guide Specification for Highway Construction."

AASHTO(1999). "Highway Drainage Guidelines. American Association of State Highway and Transportation Officials." Washington, D.C., USA.

AASHTO(2000). The Maintenance and Management of Roadways and Bridges"

AASHTO(2005). "2005 Model Drainage Manual: SI Edition. American Association of State Highway and Transportation Officials." Washington, D.C., USA.

AISI(1993). "Handbook of Steel Drainage & Highway Construction Products"

Akimoto, M., Harada, K., Watanabe, K., and Ichikawa, H.(2003). "Long-term changes of rainfall tendency and methods of estimation for the one-minute rain rate distribution in Japan." Transactions of IEICE, Vol. J86-B, pp.2166-2173.

Alley, W. M., and Smith, P. E.(1987). "Distributed Routing Rainfall-Runoff Model.", Open File Report 82-344, U.S. Geological Survey, Reston, Virginia.

ASCE(1994) "Design and Construction of Urban Stormwater Management Systems"

ASCE(2000) "Subsurface Drainage for Slope Stabilization"

Bentley Systems, Inc.(2007). "CulvertMaster User's Guide."

Brown, S. A., Stein, S. M., and Warner, J. C.(1996). "Urban drainage design manual." Hydraulic Engineering Circular No. 22, FHWA-SA-96-078, Federal Highway Administration, U.S. Department of Transportation, Washington, D.C., USA.

Brown, S. A., Stein, S. M., and Warner, J. C.(2001). "Urban drainage design manual." FHWA-NHI-02-021, HEC-22, Federal Highway Administration, USA.

Brune W., Graf W. H., Appel E., and Yee P. P.(1975). "Performance of Pennsylvania highway drainage inlets." Journal of the Hydraulics Division, ASCE, Vol. 101, No. 12, pp.1519-1536.

Burgi, P. H., and Gober, D. E.(1977). "Bicycle-safe grate inlets study; Volume 1. Hydraulic and safety characteristics of three selected grate inlets on continuous grades." FHWA-RD-77-24, Federal Highway Administration, U.S. Department of Transportation, Washington, D.C., USA.

Carsteanu, A., Venegopal, V., and Foufoula-Georgiou, E.(1999). "Event-specific multiplicative cascade models and an application to rainfall." Journal of Geophysical Research, Vol. 104, No. D24, pp.31611-31622.

Chow, V. T.(1959). Open-channel hydraulics. McGraw-Hill.

Connolly, R. D., Schirmer, J., and Dunn, P. K.(1998). "A daily rainfall disaggregation model." Agricultural and Forest Meteorological, Vol. 92, pp.105-117.

Cowpertwait, P. S. P., O'Connell, P. E., Metcalfe, A. V., and Mawdsley, J. A.(1996). "Stochastic point process modeling. Ⅱ. Regionalization and disaggregation." Journal of Hydrology, Vol. 175, pp.47-65.

Deidda, R.(2000). "Rainfall downscaling in a space-time multifractal framework." Water Resources Research, Vol. 36, No. 7, pp.1779-1794.

Deidda, R., Benzi, R., and Siccardi, F.(1999). "Multifractal modeling of anomalous scaling laws in rainfall." Water Resources Research, Vol. 35, No. 6, pp.1853-1867.

Escarameia, M., Gasowski, Y., May, R. W. P., and Bergamini, L.(2002). "Hydraulic design of paved areas." Report SR 606, HR Wallingford, UK.

Escarameia, M., Gasowski, Y., May, R. W. P., and Lo Cascio, A.(2001). "Hydraulic capacity of drainage channels with lateral inflow." Report SR 581, HR Wallingford, UK.

FHWA(1996). Hydraulic Design of Highway Culverts

Gaume, E., Sivakumar, B., Kolasinski, M., and Hazoume, L.(2006). "Identification of chaos in rainfall temporal disaggregation: application of the correlation dimension method to 5-minute point rainfall series measured with a tipping bucket and an optical raingage." Journal of Hydrology, Vol. 328, pp.56-64.

Guo, J. C. Y.(1997). Street hydraulics and inlet sizing. Water Resources Publications, Highlands Ranch, Colorado. U.S.A.

Gupta, V. K., and Waymire, E.(1993). "A statistical analysis of mesoscale rainfall as a random cascade." Journal of Applied Meteorology, Vol. 32, pp.251-267.

Harrold, T. I., Sharma, A., and Sheather, S. J.(2003a). "A nonparametric model for stochastic generation of daily rainfall occurrence." Water Resources Research, Vol. 39, No. 10, doi: 10.1029/2003WR002182.

Harrold, T. I., Sharma, A., and Sheather, S. J.(2003b). "A nonparametric model for stochastic generation of daily rainfall amounts." Water Resources Research, Vol. 39, No. 12, doi: 10.1029/2003 WR002570.

HEC(1990). HEC-1 - Flood Hydrograph Package - User's Manual, Hydrologic Engineering Center, U.S. Army Corps of Engineers, Davis, CA.

Heneker, T. M., Lambert, M. F., and Kuczera, G.(2001). "A point rainfall model for risk-based design." Journal of Hydrology, Vol. 247, pp.54-71.

Hosoya, Y.(1988). "An estimation method for one-minute-rain distributions at various locations in Japan." Annual of Telecommunity, Vol. J71-B, No. 2, pp.256-262.

Ito, C., and Hosoya, Y.(2006). "Proposal of a global conversion method for different integral time rain rate by using M distribution and regional climatic parameters." Electronics and Communications in Japan, Part 1, Vol. 89, No. 4, pp.948-955.

Karasawa, Y. T., Matudo, T., and Shiokawa, T.(1989). "Statistics of one-minute rain rate distributions in Japan based on AMeDAS one-hour rain rate data." IEICE International Symposium Antennas and Propagation ISAP 1989, Vol. ID2-1, Tokyo, Japan.

Lambert, M. L., and Kuczera, G.(1998). "Seasonal generalized exponential probability models with application to interstorm and storm durations." Water Resources Research, Vol. 34, No. 1, pp.143-148.

Lammering, B., and Dwyer, I.(2000). "Improvement of water balance in land surface schemes by random cascade disaggregation of rainfall." International Journal of Climatology, Vol. 20, No. 6, pp.681-695.

Lovejoy, S., and Schertzer, D.(1990). "Multifractals, universality classes and satellite and radar measurements of cloud and rain fields." Journal of Geophysical Research, Vol. 95, pp.2021-2034.

Lovejoy, S., Mandelbrot, B.(1985). "Fractal properties of rain and a fractal model." Tellus, Vol. 37A, pp.209-232.

Mandelbrot, B. B.(1983). "The fractal geometry of nature." Freeman Press, New York.

Mays, L. W.(2001). Stormwater collection systems design handbook. McGraw-Hill.

McCuen, R. H., Johnson, P. A., and Ragan, R. M.(2001). "Highway hydrology." FHWA-NHI-02-001, HDS No.2, Federal Highway Administration, USA.

Mehrotra, R., and Sharma, A.(2005) "A nonparametric nonhomogeneous hidden Markov model for downscaling of multi-site daily rainfall occurrences." Journal of Geophysical Research, Vol. 110.

Mehrotra, R., Sharma, A., and Cordery, I.(2004) "Comparison of two approaches for downscaling synoptic atmospheric patterns to multisite precipitation occurrence." Journal of Geophysical Research, Vol. 109.

Menabde, M., and Sivapalan, M.(2000). "Modeling of rainfall time series and extremes using bounded random cascades and Levy-stable distributions." Water Resources Research, Vol. 36, No. 11, pp.3293-3300.

Menabde, M., Harris, D., Seed, A., Austin, G., and Stow, D.(1997). "Multiscaling properties of rainfall and bounded random cascades." Water Resources Research, Vol. 33, pp.2823-2830.

Menabde, M., Seed, A., and Pegram, G.(1999). "A simple scaling model for extreme rainfall." Water Resources Research, Vol. 35, No. 1, pp.335-340.

Mouhous, E., Katz, J., and Andrieu, H.(2001). "Influence of the highest values on the choice of log-poisson random cascade model parameters." Physical and Chemistry of the earth(B), Vol. 26, No. 9, pp.701-704.

Moupfouma, P.(1982). "Rainfall rate statistics distribution and induced attenuation in equatorial and tropical climates." Annual of Telecommunity, Vol. 37, pp.123-128.

Naqvi, M.(2003). Design of linear drainage systems. Thomas Telford.

Norman, J. M., Houghtalen, R. J., and Johnston, W. J.(2001). "Hydraulic design of highway culverts." FHWA-NHI-01-020, HDS No. 5, Federal Highway Administration, USA.

Normann, J. M., Houghtalen, R. J., and Johnston, W. J.(1985). "Hydraulic Design of Highway Culverts." HDS No. 5, Federal Highway Administration (FHWA), USA.

Olsson, J.(1995). "Limits and characteristics of the multifractal behavior of a high-resolution rainfall time series." Nonlinear Processes in Geophysics, Vol. 2, No. 1, pp.23-29.

Olsson, J.(1998). "Evaluation of a scaling cascade model for temporal rainfall disaggregation." Hydrology and Earth System Sciences, Vol. 2, pp.19-30.

Olsson, J., and Berndtsson, R.(1998). "Temporal rainfall disaggregation based on scaling properties." Water Science and Technology, Vol. 37, No. 11, pp.73-79.

Onof, C., and Townend, J.(2004). "Modeling 5-min rainfall extremes, In: Hydrology: science and practice for the 21st century." British Hydrological Society, pp.377-388.

Over, T. M., and Gupta, V. K.(1994). "Statistical analysis of mesoscale rainfall: dependence of a random cascade generator on large-scale forcing." Journal of Applied Meteorology, Vol. 33, pp.1526-1542.

Overton, D. E., and Meadows, M. E.(1976). Stormwater modeling. Academic Press, New York.

Pathirana, A., Herath, S., and Yamada, T.(2003). "Estimating rainfall distribution at high temporal resoutions using a multifractal model." Hydrology and Earth System Sciences, Vol. 7, No. 5, pp.668-679.

Perica, S., Foufoula-Georgiou, E.(1996). "Model for multiscale disaggregation of spatial rainfall based on coupling meteorological and scaling descriptions." Journal of Geophysical Research, Vol. 101, No. D21, pp.26347-26362.

Pugh, C. A.(1980). "Bicycle-safe grate inlets study; Volume 4. Hydraulic characteristics of slotted drain inlets." FHWA-RD-79-106, Federal Highway Administration, U.S. Department of Transportation, Washington, D.C., USA.

Queensland Government(2002). Road drainage design manual. Dept. of Main Roads, Queensland, Australia.

Rhodes, D. G.(1998). "Gradually varied flow solutions in Newton-Raphson form." Journal of Irrigation and Drainage Engineering, Vol. 124, No. 4, pp.233-235.

Rodriguez-Iturbe, I., and Rinaldo, A.(1997). "Fractal river basin: chance and self-organization." Cambridge University Press, Cambridge.

Schall, J. D., Richardson, E. V., and Morris, J. L.(2001). "Introdiction to highway hydraulics." FHWA-NHI-01-019, HDS No. 4, Federal Highway Administration, USA.

Schertzer, D., and Lovejoy, S.(1987). "Physical modeling and analysis of rain and clouds by scaling multiplicative processes." Journal of Geophysical Research, Vol. 92, pp.9693-9714.

Sharma, A., and Lall, U.(1999). "A nonparametric approach for daily rainfall simulation." Mathematics and Computers in Simulation, Vol. 48, pp.361-371.

Sivakumar, B., and Sharma, A.(2007). "A cascade approach to continuous rainfall data generation at point locations." Stochastic Environmental Research and Risk Assessment.

Sivakumar, B., Sorooshian, S., Gupta, H. V., and Gao, X.(2001). "A chaotic approach to rainfall disaggregation." Water Resources Research, Vol. 37, No. 1, pp.61-72.

Sposoto, G.(1998). "Scale dependence and scale invariance in hydrology." Cambridge University Press, New York.

Svensson, C., Olsson, J., and Berndtsson, R.(1996). "Multifractal properties of daily rainfall in two different climates." Water Resources Research, Vol. 32, No. 8, pp.2463-2472.

Tessier, Y., Lovejoy, S., and Schertzer, D.(1993). "Universal multifractals: theory and observations for rain and clouds." Journal of Applied Meteorology, Vol. 2, pp.223-250.

Wong, T. S. W.(1994). "Kinematic wave method for determination of road drainage inlet spacing." Advances in Water Resources, Vol. 17, pp.329-336.

Wong, T. S. W., and Moh W. H.(1997). "Effect of maximum flood width on road drainage inlet spacing." Water Science and Technology, Vol. 36, No. 8-9, pp.241-246.

Yoo, C., and Ha, E.(2007). "Effect of zero measurements on the spatial correlation structure of rainfall." Stochastic Environmental Research and Risk Assessment, Vol. 21, pp.289-297.

Young, G. K., Stein, S. M., Pearson, D. R., Atayee, A. T., and Graziano, F.(1999). "User's manual for HYDRAIN - Integrated drainage design computer system: Version 6.1." FHWA-IF-99-008, Federal Highway Administration, USA.

부 록

관련 용어

* 강우강도: 일정기간 동안 내린 강우량을 단위시간에 내리는 강우량으로 표시한 것.
* 강우강도곡선: 강우지속시간과 그때의 최대강우강도와의 관계를 그래프로 표시한 곡
  선도
* 강우량: 어떤 단위면적에 일정시간 내린 우량을 그 면적으로 나눈 물의 수심(깊이)으
  로 나타낸 것을 말한다.
* 강우-유출 모형: 임의 유역에서 일정 기간 동안 내리는 강우량과 계곡 또는 소하천으
  로 나가는 유출량과의 상관관계를 규명 및 분석하는 도구
* 개수로: 대기압을 받고 자유표면을 가지고 물이 흐르는 수로
* 관수로: 수로 단면에 물이 가득 찬 상태에서 압력차에 의하여 흐르는 수로
* 관암거: 암거나 콘크리트 관을 사용하여 이것을 땅 속에 묻어 배수하는 장치
* 길어깨: 도로를 보호하고 비상시에 이용하기 위하여 차도에 접속하여 설치하는 도로
  의 부분을 말한다. 노상 포장 아래 두께 1m 이내의 균일한 흙의 부분을 말하고, 포장
  부에서 전달되는 교통하중을 지지하는 역할을 갖는 부분
* 노상배수: 도로구조에 있어 지하수위를 낮추어 노상 또는 보조기층 및 기층과 표층에
  이르기까지 양호한 상태를 유지하기 위한 지하배수
* 노체: 도로의 구조상 흙쌓기 단면을 구분할 때 노상의 아랫부분으로 원지반까지의 흙
  쌓기부
* 다이크: 빗물 등이 노견으로 흘러 비탈면이 유실되는 것을 방지하기 위한 물막이 시설
* 도로 배수시설: 도로상이나 도로 주변에 내린 강우가 인근의 수체로 원활하게 흘러
  나가도록 함으로써 도로 구조물을 보호하기 위하여 설치하는 시설물
* 땅깎기: 원지반으로부터 노상면까지 흙을 굴착한 부분
* 땅깎기부: 도로나 선로의 신설, 개수 등 토공작업에서 토사를 깎아냈거나 깎아낼 부분
* 맹암거: 도로 내의 지하수를 집수하여 지하수위를 낮추게 하는 시설로 흙 속에 일정

간격으로 구멍을 뚫어놓아 배수시키는 형태로, 장시간에 걸친 배수를 원할 때는 그 속에 유공관을 매설하기도 함.

* 배수: 하천을 따라 자연상태에서 유역 내의 물을 제거하는 것, 또는 건축물이나 부지 내에서 과잉의 물이나 오수, 폐수 등을 외부로 제거하는 것, 또는 배수공 등을 이용하여 과잉지표수나 지층수를 인위적으로 제거하는 것.

* 비점오염원: 양식장, 야적장, 농경지 배수, 도시 노면배수 등과 같이 광범위한 배출경로를 갖는 오염원

* 비탈면: 흙쌓기와 땅깎기에 의해서 형성된 부분을 말하고, 각각 흙쌓기 비탈면 및 땅깎기 비탈면이라 한다.

* 비탈면 배수: 땅깎기, 흙쌓기로 이루어진 비탈면 또는 자연비탈면이 지표를 통하여 유하하는 물이나 비탈면에서 용출된 지하수에 의하여 비탈면의 침식이나 안정성의 저하를 방지하기 위한 배수를 말함.

* 비탈면 보호: 지질이 불량한 지대에 건설된 비탈면이 무너지지 않도록 보호하는 것을 말함.

* 설계강우량: 어떤 지점에서 강우량 또는 강우깊이, 호우기간 동안 강수의 시간분포를 정한 설계우량주상도, 또는 강우 공간분포를 통한 등우선도의 세 가지 요소로 구분하여 정의한다.

* 설계발생빈도: 도로 구조물의 크기를 결정하는데 기준으로 삼는 홍수량, 강우량 등 수문제량의 발생빈도를 말한다.

* 설계빈도: 설계하고자 하는 배수구조물에 대한 유량의 회기빈도(동일용어: 발생주기=회기빈도=생기빈도)

* 설계유량: 해당 지역 강우에 따른 최대 홍수량으로 유역면적의 크기로 구분하여 계산한다.

* 설계홍수량: 홍수특성, 홍수빈도, 그리고 홍수피해 가능성과 사회 경제적 요인을 함께 고려한 후 최종적으로 수공구조물의 설계기준으로 채택하는 첨두유량이나 첨두수위 또는 설계강우에 따른 유량수문곡선을 말한다.

* 운동파 모형: 등류 유량 관계식 형태의 운동량 방정식과 부정류 연속방정식에 따른 지배방정식을 해석하는 수리학적 흐름 계산 모형

* 유달거리: 설계 유역 내에서 배수구조물 설치지점으로부터 유로를 따라서 측량한 거

리와 최상류점과 그 점에서 가장 먼 지점과의 직선거리를 합산한다.

* 유량: 단위 시간당 특정 단면을 통과하는 물의 양

* 유역: 어느 지점에서의 유역이란 그 지점을 동일한 유출점으로 갖는 지표면의 범위를 뜻한다.

* 유역면적: 유역의 평면상 면적을 말하거나, 또는 도로 암거를 설치하려는 지역으로서 분수령을 경계로 하여 면적을 구한다.

* 유입손실률: 넓은 단면에서 유입부가 수축되면 단면 수축에 따라 손실수두가 발생하는데 이를 비율로 나타낸 것.

* 유출계수: 강우에 대하여 배수유역의 특성에 따라 결정되는 유출계수

* 유출수두: 하류 수면으로부터 출구 단면 하단까지의 수심, 일반적으로 배수구조물을 통과한 설계유량이 하류부 기존 수로를 만났을 때의 수심을 말하며, 하류수로 단면과 설계유량과의 관계에서 추정한다.

* 종단경사: 도로 진행방향 중심선의 길이에 대한 높이의 변화비율을 말한다.

* 중앙분리대: 차선을 진행방향별로 분리하고 옆 부분의 여유를 확보하기 위하여 도로 중앙부에 설치하는 분리대와 측대를 말한다.

* 지속시간: 배수구역의 가장 먼 지점의 유량이 배수구조물까지 도달하는 데 소요된 시간

* 지하배수: 노면 하부의 지하수위를 저하시키는 것. 지하에 고인물 또는 노면으로부터 침투해 들어간 물을 배수하는 것. 도로에 인접한 지대로부터 침투해 들어오는 물을 차단하는 것.

* 집수암거: 복류수와 같은 얕은 대수층의 지하수 취수시설로서 공법은 굴착 후 시공하고 되메우는 공법이므로 시공깊이는 7~8m가 한계임. 집수시설은 유공 철근콘크리트 관을 소정의 깊이에 매설하고 관 주위에 굵은 자갈에서 가는 모래까지의 순서로 1.5~2.0m 두께의 여과층을 설치하여 복류수 유입을 쉽게 하고 가는 모래의 유입을 막음.

* 표고차: 배수 구조물 설치지점과 유달거리에서 정한 가장 먼 지점과의 높이 차이

* 한계경사: 개수로 내에서 등류수심이 한계수심과 동일하게 유지되도록 하는 경우의 수로경사를 한계경사라 한다.

* 한계수심: 비에너지가 최소가 되는 이론상의 수심, 즉 프르두수가 1이 되는 경우의 수심을 말하며, 암거 내 흐름이 상류의 흐름인지 사류인지를 판단하는 중요한 근거이다.

* 한계유속: 수로 내에서 한계수심을 가지는 경우의 평균유속을 말한다.

* 허용상류수심: 도로의 계획고에서 여유고를 고려한 허용상류수심을 말한다.
* 횡단경사: 도로의 진행방향에 직각으로 설치되는 경사로서 도로의 배수를 원활하게 하기 위하여 설치하는 경사와 평면 곡선부에 설치하는 편경사를 말한다.
* 횡방향 유로이동: 자연적으로 발생되는 주수로의 횡방향 이동으로 이는 교각, 교대, 하천구조물 설치에 따른 침식을 증가시키거나 교각에서 흐름 입사각의 변화를 주어 총세굴량을 변화시킨다.
* 흙쌓기: 원지반으로부터 노상면까지 흙을 쌓아올린 부분

이만석(李晚碩)

단국대학교 공학대학 토목공학과 졸업
단국대학교 대학원 공학석사(수공학)
단국대학교 대학원 공학박사 수료(수공학)
(주)삼안 수자원부 근무
경복대학교 겸임교수 재직
(주)평화엔지니어링 기술연구원 근무
『도로설계편람(토공 및 배수공)』 개정 집필진

현) 대한토목학회 종신회원
     한국수자원학회 종신회원
     한국도로학회 정회원

도로 배수시설의 계획 및 설계

초판인쇄 | 2012년 3월 5일
초판발행 | 2012년 3월 5일

지 은 이 | 이만석
펴 낸 이 | 채종준
펴 낸 곳 | 한국학술정보㈜
주　　소 | 경기도 파주시 문발동 파주출판문화정보산업단지 513-5
전　　화 | 031) 908-3181(대표)
팩　　스 | 031) 908-3189
홈페이지 | http://ebook.kstudy.com
E-mail | 출판사업부 publish@kstudy.com
등　　록 | 제일산-115호(2000. 6. 19)

ISBN　　978-89-268-3168-7 93540 (Paper Book)
　　　　　978-89-268-3169-4 98540 (e-Book)

내일을여는지식 　은 시대와 시대의 지식을 이어 갑니다.

이 책은 한국학술정보(주)와 저작자의 지적 재산으로서 무단 전재와 복제를 금합니다.
책에 대한 더 나은 생각, 끊임없는 고민, 독자를 생각하는 마음으로 보다 좋은 책을 만들어갑니다.